百科大探索
CHILDREN'S ENCYCLOPEDIA

二战风云

THE SECOND
WORLD WAR

青岛出版社
QINGDAO PUBLISHING HOUSE

目录
CONTENTS

THE SECOND
WORLD WAR

仔细阅读本章，你就能回答出以下问题：

电影《虎！虎！虎！》讲述的是哪场战争？

两次世界大战的发起国都是德国，对不对？

戴高乐是哪国人？

《莉莉·玛莲》是一本书还是一首歌？

战争开始了

人类爱好和平，但在人类的漫长历史上，在世界的不同角落，战争经常存在。在20世纪，世界上发生了两场最大范围的战争，即第一次世界大战和第二次世界大战。第一次世界大战结束后仅仅二十多年，更惨烈、更漫长的第二次世界大战便开始了。第二次世界大战，看似偶然，实则必然。

大战前的黑暗

小记者东芭拉和评论员孔龙正在畅谈历史。

孔龙：东芭拉，很久不见，你怎么一直盯着这张奇怪的地图发呆？

东芭拉：奇怪的地图？这可是第二次世界大战的全球参战国家局势图。

孔龙：哦，关于二战，我听说过一些，好像原子弹第一次使用就是在这场战争里吧？

东芭拉：对！这可是人类社会有史以来规模最大的全球性战争！

孔龙：历史上规模最大？可比秦始皇统一全国之战？比汉武帝平定匈奴又如何？明太祖灭元的战争规模也不小啊……

东芭拉：嗯，你说起中国历史来真是头头是道，如数家珍，你说的这些战争确实都旷日持久，影响巨大。可这都是咱中国内部的战争，而二战是全世界范围的。你看地图，深绿和浅绿的是一伙儿，称为同盟国；中间几块蓝色的代表对立的一伙儿，称为轴心国；除了灰色的几个中立国家外，基本上全球都参与进来了，规模还不算大？

孔龙：同盟国和轴心国？话说几个蓝色的国家还真是在轴心的位置。

东芭拉：嗯，他们自以为打完仗以后就是世界的中心了……参与国家多是一方面，不仅如此，这场全球战争从

1939年9月正式爆发到1945年9月结束，历时6年之久。据统计，军队和平民伤亡总数达7000万，参战国军费消耗、财政消耗和物资损失总数达40000亿美元呢！1945年美国的GDP是2230亿美元，换句话说，二战相当于消耗了美国将近20年的总收入。

孔龙：确实够震撼的！东芭拉，我还有个疑问：这两个帮派，从地图上看，绿色的明显比蓝色的强大很多啊，为什么打那么久？

东芭拉：不是那么简单的事，浅绿色的国家是后来才参与进来的。在战争之初，蓝色这一伙也就是发动战争的一伙可谓蓄意已久，早有图谋。德国以闪电般的速度积极进攻，而另一伙一直是各怀鬼胎，消极抵抗，到最后才不得不联合起来抗战，所以也就没那么容易很快就打完了。

孔龙：原来还有这么多内幕！

东芭拉：像现在人们都还在崇拜的将军戴高乐啊，蒙哥马利啊，还有好多神秘的间谍比如完美的辛西娅啦，至今都在用的重量级航母、战列舰，好多好多，都是这次大战中的呢，你要是感兴趣，就听我一一道来吧！

孔龙：嘿，还卖起关子来了……

电影中的二战

有关二战的内容涉及方方面面，可谓丰富多彩，为了让大家过把瘾，先给大家推荐几部精彩电影，提前去体验下血雨腥风的场面吧!

《最长的一天》
《虎!虎!虎!》
《中途岛战役》
《血战台儿庄》
《斯大林格勒战役》
《兵临城下》
《珍珠港》
《太行山上》
《最后的空降兵》

大战前奏一：美国的经济危机

严寒的冬天，一个美国采煤工人的女儿，和她的母亲进行着这样一段对话：

女儿：妈妈，这么冷的天，为什么我们家不生火取暖?

母亲：因为没有煤炭。

女儿：为什么没有煤炭呢?

母亲：没有钱买。

女儿：为什么没有钱呢?

母亲：你爸爸失业了。

女儿：那为什么失业呢?

母亲：煤炭太多了，卖不出去。

瞧，这多么矛盾，一方煤炭太多，卖不出去，另一方却没钱买。这便是1929年到1933年间席卷整个资本主义世界的经济危机的一个缩影。

1929年上台的美国总统胡佛，在大选的时候对民众承诺"美国人家家锅里有两只鸡，家家有两辆汽车"，但紧随而来的经济危机使总统的承诺成为无法兑现的空头支票。在历经10年的大牛市后，美国金融界崩溃了，股票一夜之间从顶端跌入深渊。一周之内，美国人在证券交易所内失去的财富达100亿美元。为了维持农产品的价格，农业资本家和大农场主大量销毁"过剩"的产品，用小麦和玉米代替煤炭做燃料，把牛奶倒进密西西比河，使这条河变成了"银河"。企业纷纷倒闭，生产大幅度下降，失业人数剧增，整个社会经济生活陷于混乱和瘫痪状态。城市中的无家可归者用木板、旧铁皮、油布甚至牛皮纸搭起了简陋的栖身之所，这些小屋聚集的村落被称为"胡佛村"，意在讽刺胡佛总统。除此之外，流浪汉的要饭袋被叫作"胡佛袋"，由于无力购买燃油而改由畜力拉动的汽车被叫作"胡佛车"，甚至露宿在长椅上的流浪汉身上盖的报纸也被叫作"胡佛毯"。当时纽约大街上流行起一首儿歌："梅隆拉响汽笛，胡佛敲起钟。华尔街发出信号，美国往地狱里冲！"

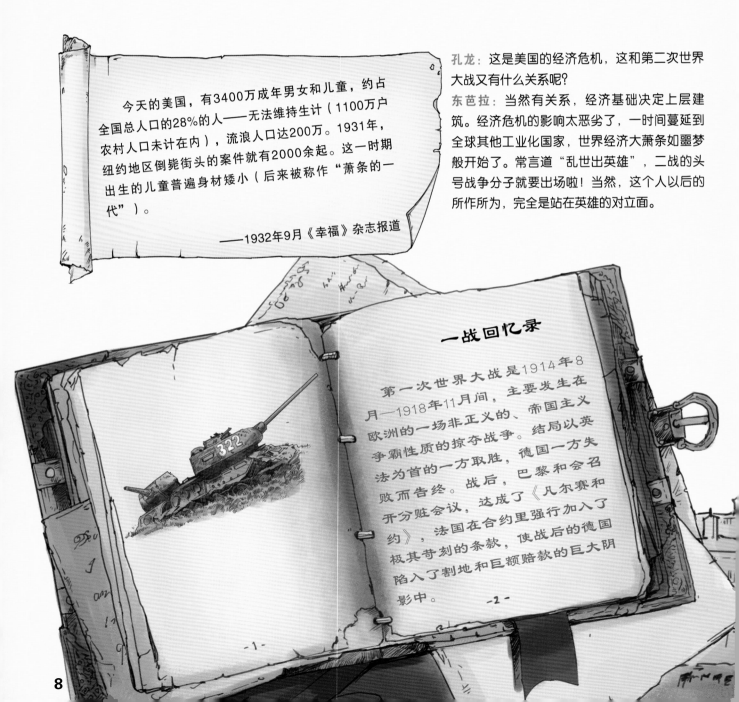

今天的美国，有3400万成年男女和儿童，约占全国总人口的28%的人——无法维持生计（1100万户农村人口未计在内），流浪人口达200万。1931年，纽约地区倒毙街头的案件就有2000余起。这一时期出生的儿童普遍身材矮小（后来被称作"萧条的一代"）。

——1932年9月《幸福》杂志报道

孔龙：这是美国的经济危机，这和第二次世界大战又有什么关系呢？

东芭拉：当然有关系，经济基础决定上层建筑。经济危机的影响太恶劣了，一时间蔓延到全球其他工业化国家，世界经济大萧条如噩梦般开始了。常言道"乱世出英雄"，二战的头号战争分子就要出场啦！当然，这个人以后的所作所为，完全是站在英雄的对立面。

一战回忆录

第一次世界大战是1914年8月—1918年11月间，主要发生在欧洲的一场非正义的、帝国主义争霸性质的掠夺战争。结局以英法为首的一方取胜，德国一方失败而告终。战后，巴黎和会召开分赃会议，达成了《凡尔赛和约》。法国在合约里强行加入了极其苛刻的条款，使战后的德国陷入了割地和巨额赔款的巨大阴影中。

-1-

-2-

大战前奏二：一个真实的故事

在德国，一个小偷潜入别人家偷东西。找来找去发现这家人真没啥值钱的东西，只有一个大筐里，装着满满一筐钞票。

东芭拉：孔龙先生，请问，作为一个正常的小偷，这个时候应该怎么做呢？

孔龙：嘿嘿，这个答案应该没啥悬念，当然是把钞票席卷一空。

东芭拉：没错，正常人都会这样，但是这个小偷的举动绝对出乎意料。第二天，这家人醒了。然后，男主人看到了这样的景象：地上躺着一堆花花绿绿的钞票，而装钞票的筐子被偷走了。女主人看到这一切，非但没有感到庆幸，反而大声咒骂缺德的小偷：连他们家里唯一值点儿钱的东西都不放过！

孔龙：难道那个筐子是明朝官窑出土的古董？

东芭拉：No，那就是个普通的竹编筐子，值不了几个钱。也就是说，那一筐子钱，还不够买个筐子。

搅乱全世界的人

希特勒，1889年出生于一个破落的小资产阶级家庭，曾参加过一战，因作战勇敢，被授予一级铁十字勋章。一战结束后，他加入德国工人党，凭借优秀的组织才能和圆滑的政治手腕，谋取了该党的领袖地位。希特勒是一个很会审时度势的人，他看准了当时国内日益发展的民族主义和社会主义两种情绪的需要，确立了具有种族主义和民族主义的党纲，借以迷惑和欺骗当时的民众。

苛刻的《凡尔赛和约》和战争的巨大破坏，压得德国人民喘不过气来，德国不仅丧失了大量的土地和人民，还背负了巨额的战争赔款，这一切致使人民生活异常困难。突如其来的经济危机无疑是雪上加霜，致使当时德国的通货膨胀现象非常严重。

经济凋敝再加上对《凡尔赛和约》不公而带来的抵触情绪，两种因素搅合在一起，使当时的德国社会乱得如同一锅粥一般，对内反对民主共和，对外要求实现民族复仇的呼声不断。而统治阶级也意识到通过掠夺别国的财富来转嫁国内的经济危机，不失为一个好办法。

这时候，一个人横空出世。

1923年11月，野心勃勃的希特勒按捺不住，发动了啤酒馆暴动，妄图夺取德国政权。然而暴动失败，希特勒入狱。在狱中，他写下了被纳粹党徒奉为圣经的自传《我的奋斗》。这本书系统地阐述了希特勒的"理想"——创建第三帝国和征服欧洲。全书充满了民族主义狂热和对马克思主义、犹太人的仇恨。希特勒认为日耳曼人是上帝选定的"主宰民族"，宣称"新帝国必须再一次沿着古代条顿武士的道路进军，用德国的剑为德国的犁取得土地，为德国人民取得每天的面包。"

从此希特勒名声大振。出狱后他还办了报纸，不断地扩军，到1932年，纳粹党徒已达到100万人，声势浩大。1933年1月，希特勒顺利当选德国总理。总统兴登堡去世后，希特勒自作主张把总统头衔取消，自封为"元首"，要求军队向他个人宣誓效忠，希特勒成为了事实上的独裁者。他开始极其残酷地镇压国内革命力量，全面实行法西斯化，对外则加紧扩军备战，加快侵略扩张的步伐。上台后的希特勒打开了德国的潘多拉魔盒，也开始了全世界人民的一场噩梦。

孔龙：哦，原来是这样。世上没有无缘无故的爱，也没有无缘无故的恨。希特勒对欧洲乃至全世界的仇恨，确实是有一定根源的。难道他的几位盟友也是因为经济危机而改变的吗？

东芭拉：日本和意大利的情况跟德国差不多，都是穷则思变。

孔龙：不过纳粹的这个标志，我可是熟悉得很。这个符号的读音是"万"，是吉祥的意思。怎么会成为纳粹党的标志呢？

东芭拉：没错，这个符号一直是很正面的，直到被希特勒看上。据说希特勒小时候，他家附近有一座古老的修道院，修道院的过道、石井、修道士的座位以及院长外套的袖子上都饰有"卐"字标志。希特勒崇拜院长的权势，把"卐"视为院长权威的象征，希望自己有朝一日能像院长那样拥有至高无上的权威。于是，希特勒亲自把党旗设计为红底白圆心，中间嵌一个黑色"卐"字。后来，希特勒还为他的冲锋队员和党员设计了"卐"字臂章和"卐"字锦旗。

孔龙：东芭拉，一战后的德国面临着战胜国的封锁和压制，还有高额赔款，国内混乱不堪，都要崩溃了，哪来的钱发动战争啊？"打仗打的就是经济实力"，这点常识我还是有的！

东芭拉：这个啊，要从一句"我的德国同胞们！"开始讲起了……

1931年，德国失业人口足足有500万，可别小看这个数字，能占到所有成人总数的四分之一哪！他们的生活全无着落。无论是保守党，还是共产党，都只知道互相批评，解决不了实际问题。而纳粹党却聪明得很，反其道而行之，他们不去和别人争辩理论，而是全心全意地投入到生产自救的活动中去：有搞市场情报的，有搞组织的，有搞运输的，有搞财会的，总之是对穷人们有求必应，在生活上方方面面照顾、体贴他们，简直和红十字会一样。不管什么人，只要一加入他们的行列，就能保证天天吃饱肚皮，从此不再失业。工人们不领工资，反正此时马克的价值同废纸一样，而是领大锅饭和一些实物补贴，比如衣服、工具之类，还能住福利住宅。别说在那个时候，就是现在任谁听了都会心动啊！

纳粹党员们一边往穷人碗里倒土豆，一边循循善诱："您瞅瞅，咱们这国家被山带河，沃野千里，要啥有啥，可说起这经济，咱咋就能搞成现在这样子呢？还不是因为当权的都被帝国主义收买了，什么正经事都不干，整天就知道贪污腐败，祸国殃民？这些混账王八蛋全都是德国人民的公敌！啥时候咱们希特勒主席上台了，啥时候咱们这苦日子才能有盼头哇！"您瞧瞧，就这种煽情法谁还不被煽了去了。在成千上万工农群众对他们的再生父母——纳粹党感激不尽的泪水中，1932年德国总理大选的结果就已经很清楚了。

不过煽情归煽情，也不能不承认当时的纳粹党确实有两把刷子。上台后的希特勒，勒紧裤腰带支持修路，建造汽车厂、飞机厂，让莱茵河西岸重工业区的工厂相继恢复了正常运转。他跑遍全国各地，喊了许多口号。有的时候，口号比钱还管用，德国人民真的不计报酬、不讲待遇地跟着他们的领袖，以军事化的纪律，热火朝天地干了起来。三年内他就把失业率降低到几乎为零，国民经济成倍增长。当然，希特勒热衷经济建设的最终目的只有一个，那就是为即将到来的大战积累实力。

想象一下，你是一个普普通通的德国工人，三年前还下岗在家，为了每小时工资只够买一块面包的临时工岗位，你和你的左邻右舍争得头破血流。而三年之后，你却坐着豪华游艇去非洲或美洲享受阳光假日去了，你能不对希特勒感激涕零吗？

所以，希特勒每次出来，都会引发山呼海啸般的集体疯狂。感激、信任与爱戴混合成极端崇拜，再加上民族振兴的极度渴望，在这样一种大众氛围下，希特勒把德国引往任何一个方向都已经是轻而易举的了。

仔细阅读本章，你就能回答出以下问题：

马奇诺防线是哪国的？

二战期间，英国的首相是谁？

『不列颠空战日』是哪一天？

和雷达有最近的『血缘关系』的动物是什么？

局势危急

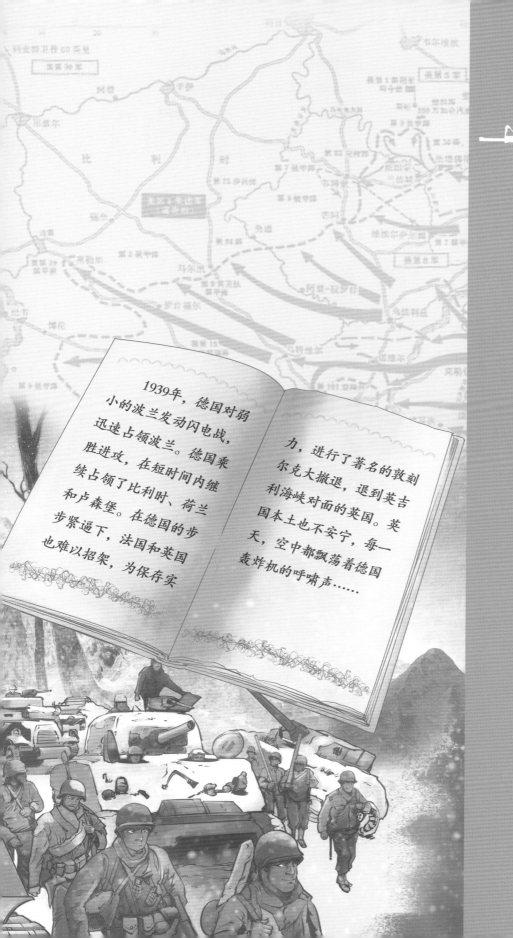

1939年，德国对弱小的波兰发动闪电战，迅速占领波兰。德国乘胜进攻，在短时间内继续占领了比利时、荷兰和卢森堡。在德国的步步紧逼下，法国和英国也难以招架，为保存实力，进行了著名的敦刻尔克大撤退，退到英吉利海峡对面的英国。英国本土也不安宁，每一天，空中都飘荡着德国轰炸机的呼啸声……

陨落在波兰边境的闪电

●夏柠

魔兽入侵——恐怖的闪电战

1939年8月31日午夜时分，德国与波兰边境的格雷威茨市，天气闷热得使人透不过气来。突然，德波边界的波兰一侧涌出一群"波兰"士兵。他们在夜幕的掩护下，悍然向德国边境阵地和格雷威茨市发起猛烈"进攻"，并迅速"占领"了该市的电台。9月1日凌晨，希特勒在柏林电台发表广播演说，声称"无数波兰人侵入德国境内"，并声嘶力竭地叫嚷："我们只能决定用武力来解决。"

凌晨4时45分，德国以6000门大炮、2000架飞机、2800辆坦克为先导，派150万德国大军，对波兰发动了"闪电战"。纳粹德国蓄谋已久"永远消灭波兰"的"白色方案"付诸实施了。一时间，德国机群在波兰空中呼啸穿行，与地面进攻相结合，在波兰上演了世界战争史上第一次"闪电战"。

仓促应战的波兰以39个师和870辆坦克对付德国的大举入侵，在德国的强大攻势下节节败退。不到48小时，波兰空军被摧毁，500架一线飞机大部分还没有起飞，就在机场上被炸成一堆堆废铜烂铁。不到一星期，波兰陆军不是被德军冲击得七零八落，就是被德军分割夹击，陷入重围。

9月28日，波兰首都华沙的12万守军全部投降，华沙沦陷。10月6日，波兰军队全军覆灭，战争至此结束。波军共伤亡20余万人，被俘70余万人。德军亡1.06万人，伤3.3万人，失踪3400人。仅短短一个月的时间，波兰便灭亡了，悲催的波兰在复国仅20年后，又一次从世界地图上消失了。

德国占领波兰后，继而挥戈北上。1940年4月，迅速占领丹麦、挪威，进攻荷兰、比利时、卢森堡、英国、法国。希特勒加紧了征服世界的步伐。

骑兵与坦克的对决

波兰骑兵拥有上百年的光荣历史。一战时期，这支皇家精锐骑兵曾建立过不朽的功勋。该骑兵队拥有着英勇无畏、战死不屈的精神。即使面对德国的新型作战装备装甲车，战士们的抗敌决心也丝毫没有动摇。

在德军密集的炮火和纷飞的弹雨中，波兰的骑兵们依然保持着完整的战斗队形，挥舞着手中的马刀，高声呐喊着，毫无畏惧地扬鞭策马，径直冲向德军的坦克。一时间，波兰骑兵队的队形被炸开，无数的波兰骑兵倒入血泊，波兰骑兵就这样一排排地倒下去，又一排一排地冲上来。德军的炮口一次又一次将波兰人的生命无情地吞噬掉。但波兰人始终没有退却，德军就这样用他们的现代化武器，在波兰上演着机械化的大屠杀。

骑兵对坦克，血肉对钢铁，这场实力悬殊的残酷战争，最终还是拥有强大实力的德国获胜，将仅靠血肉之躯搏击的波兰抛入了惨败的深渊。

15

战术介绍：闪电战

又称闪击战，是由德国三大名将之一的海因茨·威廉·古德里安创建的战争模式，即综合运用航空兵和装甲机械化部队的一种新型作战样式，它以突然袭击、高速突破和大纵深作战的方式将战役的胜利发展为战略的胜利，在敌人没有来得及动员和没有做好反击准备的时候就消灭敌人。其中，航空兵和装甲机械化部队是闪电战的两把尖刀。

闪电战是第二次世界大战期间德军首先使用并且经常使用的一种战术，它充分利用飞机、坦克的快捷优势，以突然袭击的方式制敌取胜。它往往是先利用飞机猛烈轰炸敌方重要的战略设施——通讯中心，把敌人的飞机炸毁在机场，取得制空权，并使敌人的指挥系统瘫痪。

闪电战的优势明显，同样缺点也比较致命：留在后方的敌军部队只要没有被完全消灭，就容易向后方发动反攻。由于闪电战的快速进军，补给线一夕之间被迅速拉长，一旦补给跟不上，前方部队容易成为强弩之末，攻势停滞，就可能受到反攻。如果游击战、反击战和巷战使用恰当，则可能克制闪电战。

使用这种战术，配以训练有素的指挥官和士兵，德军在27天内征服了波兰，1天内征服丹麦，23天内征服挪威，5天内征服荷兰，18天内征服比利时，39天内征服号称拥有"欧洲最强陆军"的法国，并在对苏联作战的"巴巴罗萨计划"中，仅3个星期就在苏联境内推进纵深达400~600公里。闪电战以一种成功的全新的战术被铭刻到了世界军事史上。

割须弃袍——敦刻尔克大撤退

1940年五六月间，法国西北、英吉利海峡对岸的敦刻尔克海滩，空中不断有轰炸机盘旋、俯冲，投弹轰炸；地上，火光冲天，炮声和炸弹的爆炸声隆隆，海滩上被鲜血染红的海水、泥沙被炸弹炸起后高高地抛向天空。一批批疲惫不堪的英法联军士兵，冒着德军飞机、潜艇和大炮的猛烈轰击，艰难地撤至海滩。军舰、驳船、货轮、汽艇、渔船，甚至是游艇和内河航只，没命地往返穿梭于海峡之间，将一批批联军官兵送到海峡对面。

这就是第二次世界大战中西线战场的著名战役，世界战争史上绝无仅有的大撤退——敦刻尔克大撤退中的场面。

1940年5月10日清晨，德军136个师在3000多辆坦克引导下，绕过马奇诺防线进攻比利时、荷兰、法国、卢森堡等国。仅十几天时间，比利时、荷兰、卢森堡相继亡国。20日德国装甲部队横贯法国大陆，直插英吉利海峡岸边，切断了英法联军与南翼法军的联系，英法联军三个集团军约40个师被分割包围。军队完全陷于绝境：左、前、右三面受敌，后面则背临大海，进退维谷。此时唯一的希望就是经敦刻尔克港横渡到多佛尔海峡，从海上撤退到对面的英国。

5月26日，英国海军下令实施"发电机"撤退行动。在德国飞机和大炮的猛烈轰炸下，英法联军开始通过海滩登船撤退。于是出现了上面惊心动魄的一幕。

从5月26日到6月4日，敦刻尔克大撤退历时9天，英法联军约34万人渡过海峡撤到英国。尽管大撤退中，英法联军遗失了大量的装备和军需物资，但却保留下坚持战争的一批最珍贵的有生力量。正如丘吉尔所说："我们挫败了德国消灭远征军的企图，这次撤退将孕育着胜利！"

一半大叔

得知英国士兵在法国海岸线滞留的消息，英国全国总动员，紧急征调各种船只和水手，以最大限度开展"发电机"行动。一位独腿独臂的大约五十多岁的大叔出现在征兵处。于是就有了下边简短的对话：

"大叔，您都这状态了，上了船俺们还得分个人手出来照顾您，我看您就在家喝茶养老吧？"

"不，我的孩子。海峡那边的士兵也都是我的孩子，我有责任把他们安全接过来。"

"是，大叔。我们也着急，可您胳膊腿正好少了一半，真没办法去干这活儿了。"

"错！第一，我是一名经验丰富的水手，一只手照样可以掌舵；第二，我的残肢正好可以让我少占地方，而这留出来的地方就可以多接一个年轻人回来！"

于是，负责征兵的官员含泪在报名单上盖下了"同意"的大印！

赤裸撤退

古有曹操战马超，割须弃袍；今有士兵大撤退，全身赤裸。

当然，说全身赤裸是艺术的夸张：实际上，大部分士兵在回到英国下船的时候，还是穿着一条短裤的。

难道是天太热了？No！跟天气没关系。很多士兵在法国港口登船的时候，把身上的装备甚至外套外衣全脱下来扔在法国，就是为了让船上能多拉一个人！

大家想想，大冬天的，公交车上最多能拉多少人？如果换成是夏天，同样的公交车又能拉多少人？

趣事穿插
二战时期最经典流行歌曲——《莉莉·玛莲》

"军营大门外，

有一盏街灯，

她一直站在灯下……"

夜幕降临，从北非的沙漠到欧洲阿登的森林，所有战壕中的士兵都会将坦克围成一圈，围着一台收音机，把它调到贝尔格莱德电台，准时去倾听这首哀伤缠绵的歌。虽然很多人听不懂这首歌到底讲的是什么，却仍为这种亲切的歌声所吸引，它似乎深深地渗透到士兵们的内心。很快，这首德语歌曲冲破了同盟国和协约国的界限，传遍了整个二战战场。

在整个二战期间，大概唯有这首歌，成了敌对的各方战壕里的战士们共同的语言。当年的盟军最高指挥官艾森豪威尔将军感慨地说："这位小诗人是战争中唯一的一位让各方都喜欢的人。"一位德国母亲写信给作曲家舒尔策说："我的儿子已经死了，他在最后一封信中提到了《莉莉·玛莲》，我一听到这首歌就会想起他。"直到今天，成千上万的士兵仍在唱着这首《莉莉·玛莲》。

嘿嘿，也可以想想，如果都拉胖博士和都拉孔龙，各能拉多少人？

"曾经在雄伟的兵营的大门旁，
我和她双双站在一个天窗边。
当时我们腼腆地互相说再见，
现在却已只剩那个天窗依旧。
最爱的，莉莉·玛莲，
最爱的，莉莉·玛莲。"

知识小链接1
马奇诺防线

　　法国在第一次世界大战后，为防德军入侵而在其东北边境地区构筑的筑垒配系，以法国陆军部长马奇诺的姓氏命名。马奇诺防线于1928年开始施工，至1936年基本建成。整个防线自隆吉永至贝尔福，全长约390公里，包括梅斯筑垒地域、萨尔泛滥区、劳特尔筑垒地域、下莱茵筑垒地境和贝尔福筑垒地域。

　　法国人自以为马奇诺防线固若金汤，却不料1940年，德国主力通过阿登山脉，从马奇诺防线左翼迂回，在蒙梅迪附近突破达拉弟防线，占领了法国北部，接着进抵马奇诺防线的后方，使防线丧失了作用。如今马奇诺防线已经成了笑柄，用来比喻不堪一击的防御性措施。

知识小链接2
戴高乐和"自由法国"运动

　　1940年6月，法兰西战役爆发后，毫无戒备的法军一触即溃，法国首都巴黎危在旦夕。时任法国国防部和陆军次长的戴高乐将军到国外重新组织力量继续抗击德国侵略者。6月18日，戴高乐在英国伦敦发表了著名的反抗纳粹宣言——《告法国人民书》，号召国土遭沦陷的法国人民团结起来抗击纳粹德国的侵略，这标志着法国抵抗纳粹组织——"自由法国"运动的诞生。此后，戴高乐将军高扬"自由法国"的旗帜，以顽强的毅力开始了拯救法国的斗争。

生死航线

●夏柠

没完没了的战争真是太残酷了！

博士 我爱世界和平！

纵虎为患，自食恶果

前面我们讲过，英法对一战后的德国实施了严酷的制裁，使德国经济遭受了严重打击。后来英国和法国为了安抚疯狂的德国，对德国一系列的侵略扩张行为采取了怀柔的绥靖政策。

孔龙："绥靖"这个词，我有所耳闻。绥，本义是借以登车的绳索，引申为安定、安抚。靖，安定之意。即以安抚的手段使局势安定，又称为姑息主义。

英法绥靖履历表

▲绥靖日本发动全面侵华战争。（1931年）

▲纵容意大利侵略埃塞俄比亚。（1935年初）

▲允许德国扩军，英德两国签订《英德海军协定》，一起破坏了《凡尔赛和约》。（1935年6月）

▲无视德国出兵莱茵非军事区，破坏《凡尔赛和约》和《洛加诺公约》的有关规定。（1936年3月）

▲纵容德意两国武装干涉西班牙内战。（1936年~1939年）

▲绥靖希特勒德国武装吞并奥地利。（1938年3月）

▲《慕尼黑协定》把英法的绥靖政策推到了顶峰。（1938年9月）

▲德国闪击波兰，英法宣而不战。（1939年9月）

梦断马奇诺

马奇诺防线是法国在第一次世界大战后，为防德军入侵而在法德边境地区构筑的防御工事。防线从1929年起开始建造，1940年才基本建成，造价50亿法郎。其主体有数百公里，内部拥有各式大炮、壕沟、堡垒、厨房、发电站、医院、工厂等等，通道四通八达，较大的工事中甚至有电车通道。

法国人自认为马奇诺防线坚不可摧，自己完全可以躲在防线后面看德国折腾其他国家，可法国人忽略了一点儿，自己对别的国家不管不问，别的国家很快就会变成德国的一部分，那么，德法之间的边境线也就不会仅仅局限在马奇诺防线这一小块儿……

1940年5月10日的清晨，德军进攻了比利时、荷兰、法国、卢森堡等国，然后从比利时边境浩浩荡荡地侵入了法国。仅十多天时间，德国装甲部队就横贯法国大陆，一路追击着英法联军，直插英吉利海峡岸边。最后，40万英法联军全部退到了海边——法国北部的敦刻尔克港。西面的英吉利海峡成为联军绝处逢生的唯一希望。于是，人类历史上绝无仅有的军事大撤退开始了。

战地日记——九天九夜大撤退

日记主人：乔·唐纳森

"发电机"行动的总指挥伯特伦·拉姆齐的部下

5月26日
"发电机行动"

今天是撤退行动（代号"发电机"）的第一天。我们心里忐忑不安，因为这个行动基本上等于在纳粹枪口底下抢人。昨晚拉姆齐中将还悲观地说，能抢救三万人出来就不错了。四十万大军啊，这才占多大比例，所以我们对这次行动的危险性做了充分的心理准备，一定要尽最大努力去执行这次任务，这些可都是我们日后保家卫国的希望啊！

早上，听说海军部已经开始在沿海和泰晤士河沿岸征用船只了，还通过广播呼吁所有拥有船只的人前往敦刻尔克。我想象着驳船、拖船、货船、客轮、渔船、汽艇乃至私人游艇全部出动的壮观场面，不由得也有了些底气，我们不列颠民族本来个个都是好水手，在海上称霸三百来年也不是盖的。

今天由于大部分民船还没有到，我们海军部运输力有限，趁着敌人炮火的间隙，只救出了1312人，这支部队目前已经顺利离开敦刻尔克。不过我们的撤退计划已经暴露了，明天的撤退救援肯定就更加艰险了。

5月27日
军舰变客轮

果然不出所料，纳粹识破了我们的撤退计划，加紧了对我们的围追堵截。德国空军大举出动，对港区和海滩进行了猛烈轰炸，敦刻尔克一片火海，几乎被夷为平地。德国海军潜艇、鱼雷艇和扫雷艇也从刚占领的荷兰和比利时的港口出动。在地面上，德国陆军步兵正利用比利时投降的机会，从比军防区直扑敦刻尔克，而我军已经没有部队可以前往阻截，敦刻尔克危在旦夕。

拉姆齐中将从国内调来了200架战机竭尽全力掩护海滩上的登船点和执行运输任务的船只，尽管没有能完全阻止住德机的空袭，却给了德机迎头痛击。海军也全力以赴，抽调了1艘巡洋舰、8艘驱逐舰和26艘其他舰艇前来，这可是我们自开战以来第一次用军舰来运输人员，但是满载着官兵的军舰吃水很深，摇摇欲坠，好在船员们的操舰技术过硬，全速通过了海浪滔天、弹如雨下的英吉利海峡。虽然今天我们也竭尽全力，但由于缺乏小型船舶，无法迅速将人员从海滩接到停泊在近海的大型船只，整个撤退速度很慢，全天只撤出了7669人。

5月28日
超龄士兵

今天上午，我遇到了一位我这辈子见过的年纪最大的士兵。

一位头发胡子全白了的老人，满脸的皱纹如果完全展开的话足能盖住一头成年公象的脸——从一艘显然是临时征调的渔船上下来，招呼我们赶紧上船。趁着大家上船的当口，我跟这位老人攀谈起来。老爷子告诉我，他在国内看到征调船只、船员赶来抢救远征军的告示，立刻就到了征兵处报名。排了半天队，终于轮到他，负责征兵的官员却说什么也不接收他。老爷子情绪很激动，告诉征兵的官员说："孩子，我不是去前线打仗，我只是想用我60多年的航海经验，去海峡那头抢救我们英国的未来。"后来，在老爷子的坚持下，他顺利加入了"发电机"行动。

到了下午，德军的轰炸机又来给我们"送行"了。由于阴天，今天的空袭对我们几乎没造成什么损失，大部分炸弹都落到海里和空旷地带，少数炸弹即使在我们的士兵集结地点附近爆炸，柔软的沙滩也吸收了爆炸的绝大部分能量，给人的最大危害就是溅你一脸泥沙。等待撤退的士兵兄弟们居然纷纷从隐蔽处走出，有的在海滩上踢足球，有的在海水里洗澡，还有的甚至悠闲地玩起了沙雕。

由于征调的民船开始陆续到达，今天全天，有17804人撤离，比前一天多了一万人。

5月29日
生死时速

天气好转，德国空军大举出击，我们损失了21艘船，7艘驱逐舰严重受损。陆地上的德军同样攻势猛烈，留给我们的时间不多了。于是，一方面，我们采取了很多措施来加快登船速度；另一方面，登船的士兵们把随身装备减到了最少，有的甚至只穿了一条内裤——目的就是为了让一艘船能拉更多的人。据统计，今天我们共撤走了47310人。

5月30日
杂牌军

我们看到那些前来的大大小小、五颜六色的船只由各式各样的人驾驶着。他们中有银行家、出租汽车司机、快艇驾驶员、码头工人、工程师和文职官员……他们中既有面容娇嫩的少年，也有白发苍苍的老人，甚至还有部分女士……他们有很多明显是穷人，没有外套，穿着破旧的毛衣和卫生衫，穿着有裂缝的胶鞋，浑身湿淋淋地在海水和雨水中穿梭……我们没有时间感动流泪，也没有机会彼此交流，但是大家都感觉到有一股巨大的、相同的力量在每个人的身体中流淌，这就是民族的力量。

5月31日
阻击部队

在我们拼命撤退的同时，我们的后卫部队一直在同紧追不舍的德国法西斯战斗。就在这一天，安德鲁上尉指挥着他的连队，先是经受住了德军长达十小时的猛烈炮击，守住了阵地；当侧翼友邻部队出现缺口时，他又主动率领36名士兵赶去支援，击退了至少500名德军；最后，他的部队弹药全部耗尽，所坚守阵地的核心据点也被德军炮火击毁，他这才带着余下的8名官兵，在深至下巴的水里艰难跋涉16公里，回到我方阵地……他们为我们赢得了宝贵的时间，他们是英国军队的英雄，是整个英国的光荣！

6月1日
损失惨重

今天是我们损失最为惨重的一天。

上午，天气转晴，德国空军全力出动，我们也几乎倾囊而出，派出了所有能够派出的飞机，从"喷火"式、"飓风"式单座战斗机、"无畏"式双座战斗机到"哈德逊"轰炸机、双翼"箭鱼"鱼雷机，甚至连侦察机都投入到敦刻尔克。但是我军还是损失了包括4艘满载官兵的驱逐舰在内的31艘船只，这是我军损失最惨重的一天！

三十三万的奇迹

1940年6月4日上午，德军的装甲部队终于进入了敦刻尔克市区，海滩上负责断后的4万法军来不及撤离，全数被俘。

"发电机"行动结束。在9天时间内共有33万5千名英法士兵获救，创造了军事史的奇迹。

孔龙：原来是这样。英法的绥靖政策的确让他们付出了惨痛的代价：法国被占，英国也损失了很多武器装备。这两国的领导人该好好反省反省了。

东芭拉：没错，英国也尝到了苦果，德国的轰炸机不久后就把矛头对准了伦敦。

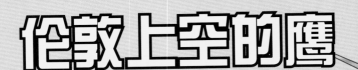

伦敦上空的鹰

●夏柠

> 这是哪里的烟囱？搞这么大个儿是何用意？

东芭拉：哈哈，孔龙先生想象力够丰富的——这不是烟囱，这是一座纪念塔。

孔龙：纪念塔？用不用这么夸张啊，这也太不环保了吧？

东芭拉：没错，这塔高116米，确实很不节约。但是，如果你知道这是为了纪念什么而建，就不会这样认为了。

孔龙：你这么一说，看来这塔的来历相当不简单。

东芭拉：没错，这就是英国皇家空军博物馆耗资8000万英镑正在筹建的"不列颠空战纪念塔"！据设计资料显示，这座纪念塔在伦敦的市中心都能看见。

孔龙：不列颠空战，虽然我对此事件并不是很清楚，可是能专为这场战役兴师动众修建这样一座超级大的纪念塔，可见这场战役在英国的影响之大。

东芭拉：这场战役被称为"空中大绞杀"，可以说，这是二战战史上具有转折意义的一场战役。

英法联军的敦刻尔克大撤退挽救了大量的人力，可是英国派驻法国的远征军为了减轻重量，把所有重型装备，甚至把军装都扔了。打到敦刻尔克沙滩的德国人虽然没有见到几个英国军人的影子，但是眼前的景象还是让他们目瞪口呆到下巴几乎掉到地上——600辆坦克、2400门大炮、22000辆卡车，还有数不清的其他轻重武器、军备物资，密密麻麻地散落在海滩上。换种说法，这些装备足够装备30多个整编装甲师。

虽然保存了珍贵的有生力量，可敌人打到家门口的事实无法回避。一条狭窄的英吉利海峡充当着保卫英国的屏障，英国的处境只能用"兵临城下"来形容。

希特勒一方面放言，说这是自己故意向英国表示友好，并无意同英国开战，一方面又扬言，只要英国把殖民地都转让给德国，让德国在欧洲大陆行动自由，就可以同英国和平共处，井水不犯河水。然而素以强硬著称的丘吉尔首相已经看清了希特勒称霸全欧洲的野心，洞悉了他的拖延战术，所以坚决地驳回了希特勒的无理要求。他坚信：英国能继续战斗下去。近900年来，英国本土还从未被外国占领过。而且在此次的远征中，英国并没有把全部的家当都输掉。

"我们的政策就是用上帝赋予我们的所有力量，在陆地、海洋和天空，同人类历史上从来没有过的黑暗罪恶势力战斗！"

——丘吉尔就职典礼

丘吉尔顽强抵抗的态度让希特勒很是恼火，但是他也知道，德国海军的实力不如英国，要想占领英国，必须发挥自己的空军优势，先夺取制空权，然后在空军的掩护下从海路发起全面攻击。1940年7月16日，希特勒制定了所谓的"海狮计划"。

于是一场空前规模的空中大绞杀开始了。

鹰日行动

1940年8月15日，德国出动轰炸机520架次，歼击机1270架次，向事先选好的英国战略目标全面出击。中午刚过，英国南部上空，英国空军的"喷火"式和"飓风"式战斗机与德军的600架轰炸机展开了世界战争史上规模空前的大空战。一时间，天空轰炸机隆隆轰鸣，战斗机腾升俯冲，穿梭交织，枪炮声惊天动地。德机尽管占据数量上的优势，但德军的空战能力却稍逊于士气高涨的英国空军，天上每掉下一架英国战机，几乎就有两架德国战机跟着坠毁。下午4时45分，凭借数量优势，德军的200架飞机最终还是冲破了英国空军的防御阵线，向英国北部飞去。这群漏网之鱼很快就被英国雷达发现，于是，在英国中部地区的170架"喷火"式和"飓风"式战斗机立即升空迎击德机编队。本来就如惊弓之鸟的德机编队没想到这么快就被发现，措手不及，队形很快被打乱。英国战斗机乘机追击四处逃窜的"容克"飞机，德国轰炸机阵型大乱，四散溃逃。

这一天德军共出动约2000架次，被击落75架；英军出动974架次，空战中损失34架。这天是不列颠之战开始以来最激烈的一天，被称为"黑色的星期四"。照双方的损失比例，德军仅凭借现有的数量优势，是难以消灭英国空军的。

接下来的几天，德军对英军阵地发动了零星的攻击，后来由于天气原因，攻击被迫停止。如果空战就这么打下去，英军的飞机和飞行员很快便会消耗殆尽，即使英军和德军的战损比仍旧维持在1:2，最终德军在付出惨重的代价之后，仍然会取得胜利。然而就在8月24日，一个小小的意外让战争的走势发生了偏差。

轰炸柏林

8月24日，天气刚见好转，等待已久的德军就对英军发动了攻击。我们知道，伦敦一向以"雾都"闻名世界，所以可以想象，伦敦上空的能见度可能还比较弱。

于是，12架迷失航向的飞机稀里糊涂地飞临伦敦上空，然后稀里糊涂地投下了炸弹，伦敦的市中心便毫无预兆地被战火波及。

丘吉尔怒了——老希你太不够意思了，伦敦既没有飞机制造厂也没有战斗机机场更没

有储油设施，老实巴交的好人一个，你怎么能去轰炸它呢！咱们开战前不都说好了，不能对手无寸铁的普通百姓发动攻击，你这样让我这个当首相的面子往哪儿搁！

于是，丘吉尔下令，轰炸德国首都柏林！

柏林的市民怎么也没想到，本来是冲进别人家门口去抢劫，竟然会搞得自己后院着火。英国的飞机如入无人之境，把仇恨的炸弹扔到了柏林市中心。

希特勒也怒了——好个老奸巨猾的丘吉尔，明明知道我不是故意的，却借此机会大力煽动民族情绪不说，还把我们家高贵的日耳曼人的小心肝搞得扑通扑通地，简直太不厚道了！

于是，希特勒下令：对伦敦实施报复性轰炸！

伦敦劫难

1940年9月7日下午四点，德军300架轰炸机和600架战斗机对伦敦发动了进攻。英军没料到德军会空袭伦敦，起飞拦截的战斗机扑了空。德机向伦敦的港口和城市工业区投下了300吨炸弹和燃烧弹。这些地方的仓库里堆满了橡胶和酒等易燃物品，炸弹落下后，顿时变成了一片恐怖的火海。

1940年9月7日夜，燃烧的火焰又引来了300架德军飞机。伦敦没有夜航战斗机，夜间防空只能依靠高射炮和探照灯，防御力量大大减弱。德军的空袭从晚上8时一直持续到清晨，伦敦有1300多处起火，很多街区成为一片火海，英国国王居住的白金汉宫也被炸了，伦敦市民死300余人，伤1500百余人。天亮后，阳光都无法穿透伦敦上空浓厚的黑烟……此后一连7天，德军对伦敦展开了一轮又一轮疯狂的轰炸。

孔龙：轰炸伦敦的事件我有所耳闻。当代作家霍达有部小说名叫《穆斯林的葬礼》，在其中的《玉劫》一章中，霍达这样描写遭受轰炸的伦敦：

又一个黎明到来了，荒凉如圆明园遗迹的街道旁，救火车在喷射水柱，抢险队员在挖掘瓦砾中残存的生命，双层公共汽车像摸索着前进的瞎子，在弹坑之间小心地绕行，每天的路线都在"随机应变"。千百名管子工弓着腰在抢修裸露着的煤气、自来水管道。产科医院的地下室里，接生婆犹如炮兵似的戴起钢盔，迎接刻不容缓要诞生在战争中的婴儿。地铁车站成了市民的避难所，夜夜都黑压压挤满了人，囚犯似的席地而卧。天一亮，各自卷着毛毯，提着装了牙刷牙膏的小包，去解决肚子问题。送牛奶的老头儿忠于职守，又赶着那匹幸而昨夜没被炸死的老马上路了。邮差也又出动了，对写信有着特殊的偏爱的英国人并不因为轰炸而少写一点儿，反而由于亲友的阻隔和圣诞的即将来临，而使邮件大大增加，许多邮差不得不携带了太太来帮忙，头一天当助手，第二天就独当一面了。

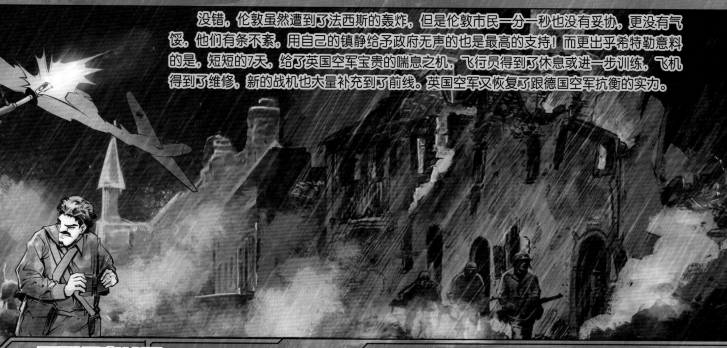

没错，伦敦虽然遭到了法西斯的轰炸，但是伦敦市民一分一秒也没有妥协，更没有气馁，他们有条不紊，用自己的镇静给予政府无声的也是最高的支持！而更出乎希特勒意料的是，短短的7天，给了英国空军宝贵的喘息之机，飞行员得到了休息或进一步训练，飞机得到了维修，新的战机也大量补充到了前线。英国空军又恢复了跟德国空军抗衡的实力。

不列颠空战日

9月15日，德军叫嚣着"要把伦敦从地图上抹掉"，出动上千架飞机对伦敦发起空袭。英国空军第72、第92中队的"喷火"战斗机迎面对上了德军第2航空队第3轰炸航空团。两支空军在坎特伯雷上空展开了激烈的攻防战。疲惫的德军在空战中损失惨重，很多德机漫无目地地投下炸弹便匆匆返航。13时30分，大批德机再次涌向英国海岸，数百架英国战斗机相继投入空战。战斗持续了整整一天，据英国统计，英国皇家空军共击落176架德机（124架轰炸机、52架战斗机），英国空军损失25架战斗机。德军终于意识到，英国空军的实力依旧很强大，短时间内无法动摇其根基。丘吉尔首相将这天称为世界空战史上前所未有的、最为激烈的一天！

此后，两国的空战进入了相持阶段，互有输赢。德国对英国的轰炸一直持续到了1941年5月，却一直没有取得决定性进展，希特勒的"海狮计划"宣告完全失败。6月底，随着德国与苏联的开展，德国空军也放弃了英国，转而将目标指向了北方战线。

英国空军挽救了英国！1940年9月20日，英国首相丘吉尔在演讲中如此盛赞英国空军："**在人类战争历史上，从来没有这么多人从这么少的人那里得到这么多**！"当时英国空军的全部作战人员，从飞行员、地勤到指挥通信，仅3000人！他们拯救的不仅是英国人民，还包括所有不愿忍受纳粹暴政的全世界人民。

二战结束后，英国将9月15日定为不列颠空战日，以纪念这一辉煌胜利！

在1940年7月至10月：德军被击落各型飞机1733架，被击伤943架，损失空勤人员约6000人；英国空军损失飞机915架，飞行员414人；德军出动飞机共约4.6万架次，投弹约6万吨，在空袭中英国被炸毁的房屋超过100万幢，无辜平民死伤达14.7万，占英国在战争中死伤人数的20%。

至1941年5月：德军在对英国空袭作战中，损失的飞机更是超过2000架。英军损失飞机共995架。

空战元勋——防空雷达

孔龙：英德有这么大的实力悬殊，德国却还是败了，这还真让人难以接受。

东芭拉：其中有个很重要的原因。德军方面大大低估了英国空军的实力，特别是英国独有的先进的防空雷达，可以探测到60英里之内的敌机呢。

孔龙：二战时候的雷达原来是这个模样。探测敌机来袭居然用的是大听筒！

东芭拉：似乎有必要搬今天的雷达来对比下！

二战时期英国防空雷达

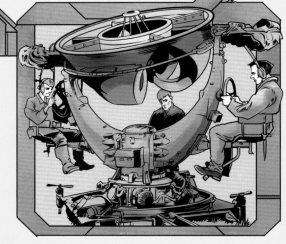

今天的雷达

东芭拉：你对雷达了解多少呢，快搭载"雷达"小科普补给站吧！

1.雷达和哪种动物的具有最近的"血缘关系"呢？

是鸽子？蝙蝠？还是猫呢？答案是：蝙蝠。

2.都说雷达像眼睛，因为它能"看见"东西。那雷达是怎么看见物体的呢？

原来，雷达能发射一种无线电波，这种电波在空中遇见物体后，便会反射回来，并被雷达接收。雷达通过发射与接收波的过程，就可以感知远处的目标了，还能确定雷达与目标之间的距离呢！

空战英雄——英国"喷火"式和"飓风"式战斗机

东芭拉：在整个不列颠空战中，最拉风的莫过于"喷火"和"飓风"了，它们借助自己良好的综合性能，在这次空战中立下了汗马功劳，从而名声大噪。我们去一睹他们的风采吧！

基本性能数据：
翼展：11.23米
机长：9.54米
机高：3.57米
空重：2983千克
最大起飞重量：3629千克
最大平飞速度：657千米/小时
升限：13,100米
最大爬升率：21.83米/秒
续航距离：625千米
武器系统：包括2门20毫米机炮和4挺机枪或8挺7.7毫米口径机枪
载弹量：可带228千克（500磅）炸弹

英国空军"喷火"式战斗机

飞行员小故事1："老鹰中队"

不知道诸位同学有没有看过战争电影《珍珠港》，电影里提到，一些美国飞行员在太平洋战争爆发之前就志愿前往英国支援不列颠空战。而在历史上的确有244名美国人包括一些训练有素的飞行员加入了英国皇家空军驾驶战机对德作战。他们所组成的第71、第121、第133中队被英国人称为"老鹰中队"，这些美国飞行员则被称为"皇家空军的扬基鹰"。这些经验老到的美国飞行员不仅有效补充了英国空军的力量，还把自己的宝贵经验倾囊相授，培养了一大批合格的飞行员，为不列颠空战的最终胜利起到了相当重要的作用。

飞行员小故事2：《小王子》之死——被粉丝击落

同学们都读过著名的《小王子》吧？你知道吗，《小王子》的作者法国作家安东尼也是一位飞行员呢！他在二战中驾机被击落身亡。这倒没什么，毕竟战争中牺牲是正常的事情。可问题是，多年以后，击落他的飞行员得知当时被自己击落的飞行员是安东尼之后，不但没有高兴，反而痛苦万分……

安东尼在法国沦陷后便去了美国。1943年，他返回法国加入了抵抗组织。1944年7月31日，安东尼驾机从科西嘉机场起飞执行侦察任务。此后一去不复返。直到2000年，安东尼所驾驶的飞机的残骸才被找到。

2008年，前纳粹德军飞行员里佩特回忆称，他于1944年7月31日驾机在法国西部巡逻时击落了一架盟军飞机，而且确认该飞机在坠海前无人跳伞。人们判断，这很有可能就是安东尼的座驾。得知此消息的里佩特无比后悔，因为他本人就是安东尼这位法国作家的狂热粉丝——他之所以当了飞行员，很大程度是受安东尼描写飞行员生活的文章的影响。里佩特痛苦地说："如果我知道那是他，杀了我我也不会开火！"

听了这个让人心酸的故事，我们感慨之余，更应该思考些什么。

英国空军"飓风"式战斗机

基本性能数据：
翼展：12.19米
机长：9.75米
机高：4米
最大起飞重量：2994千克
最高速度：511千米/小时
升限：10,973米
续航距离：740千米
武器系统：2门40毫米机炮，8枚火箭，2挺7.7mm机枪

仔细阅读本章，你就能回答出以下问题：

奥斯维辛集中营在哪个国家？

冰航母是哪位将军的创意？

1942年，美国以少胜多打败日本的战役叫什么名字？

王牌狙击手瓦西里是哪部电影的主人公？

浴血
奋战

在激烈的枪炮声中，二战的范围从欧洲扩展到全世界。苏联、中国、日本、美国……战争波及的国家越来越多。每一天，在世界各个角落，不计其数的人在承受战争带来的痛苦。伴随惨烈的战争而来的，还有国家利益的交锋，科学技术的发展，人类本性的展现……

会飞的坦克

●郭文峰

斯大林 的 天才创意

1939年，二战全面爆发。纳粹德国的军队利用闪电战横扫欧洲，对苏联也是虎视眈眈。而苏联，也在最高领袖约瑟夫·斯大林的领导下厉兵秣马，加紧扩军备战，准备应付即将到来的苏德战争。

可是，德国的装甲部队号称天下无敌，我拿什么来对抗呢？斯大林为此绞尽了脑汁。

在当时，最厉害的武器是什么？当然是"陆战之王"坦克和"空战之王"战斗机了。坦克有凶猛的火力和厚厚的装甲，而战斗机则有眨眼间便飞跃千山万水的速度。那如果把两者的优点结合在一起，给坦克安上翅膀，制造出一种终极武器——能飞行的坦克，岂不就能远距离快速打击德国军队了？斯大林为自己的天才想法而拍案叫绝。

可他也不仔细想想，让坦克飞行，就好比是逼犀牛上天，难度可不是一般的大。不过，难度系数是多少，这是他手下那些工程师的问题，与他无关，他只管发布命令。他下令苏联空军进行研制，还要尽快。

这个光荣而又艰巨的任务，最终落在了运输机设计大师安东诺夫的身上。

斯大林不知道的是，飞行坦克的创意并不是他首创。早在二战之前，许多国家便已经开始研制类似的武器，不过当时想的办法不是给坦克安翅膀，而是直接空降，把坦克像炸弹一样挂在重型轰炸机的炸弹仓里，在低空低速状态下进行空投……结果，他们不仅把坦克摔坏，甚至把里面的驾驶员摔死。

飞行坦克小档案:

全名：A40克里亚坦克
出生时间：1940年
谁造的：苏联人
结果：只造了一架样机，最终停飞。

我要飞得更高！

A40 克里亚坦克

斯大林的脑袋一热，安东诺夫可就要没日没夜地忙了。1940年，安东诺夫打起精神，马不停蹄地组建团队，开始了艰难的研究。

坦克都是几十吨重的大家伙，让它自己像鸟儿一样飞上天是不可能的。安东诺夫想到的办法是给坦克安上滑翔机的翅膀，用大型运输机把坦克运到战场附近，由驾驶员驾驶着飞行坦克滑翔着进入战场，然后把机翼拆下来，驾驶着坦克对敌人进行突然打击。

可这样一来，对于坦克驾驶员的要求可就要大大提高了——在会开坦克的同时，还得会开滑翔机，安全降落之后，还要兼任装卸工，把机翼给拆掉……可问题是，在战火纷飞的战场上，你有时间拆拆卸卸吗？你总不能对敌人说，拜托，稍等一下，等我忙完，咱们再打吧？

不过，安东诺夫可没心思也没工夫管。这个难题还是留给军队自己去解决吧，他最重要的任务是先把飞行坦克给造出来。

经过辛苦的研究，安东诺夫还真造出了一个样机——为一辆T-60坦克装上用优质木材和布料做的"翅膀"，再装上一条长长的双尾翼。坦克作为整个滑翔机的机身，降落时，坦克履带还能充当起落架用。

这样，一辆能飞行的坦克就新鲜出炉了。它重约8吨，翼展大约15米，全长大约11.5米，最大速度为160千米/小时，名叫A40克里亚坦克，俄语意思是"坦克翅膀"。

救命！

既要开飞机，又要开坦克，还要兼职当装卸工，你以为我是全能选手呀！

我飞，我飞，我飞飞飞

此时，苏德战争已经打响。苏军急需新型武器来打击德军的嚣张气焰。斯大林不断过问飞行坦克的进展，把安东诺夫吓得提心吊胆，生怕这个脾气捉摸不定的最高领袖派内务人民委员会的特务把自己抓起来。可科学家的严谨又告诉他，没有经过实践考验的机器是不能大规模生产的，更是不能上战场的。可军命难违，他只好抓紧准备试飞的工作。

1942年，一个春光明媚的上午，在一个军用机场，A40克里亚坦克的首次试飞开始了。

在万众瞩目中，一辆运输机拖着飞行坦克在跑道上缓缓滑动。A40克里亚坦克重达8吨。虽然用的是运载能力最大的运输机，但运输机仍然属于超载运行，运动起来相当吃力。

大家都紧张地盯着不断加速的飞行坦克，我飞，我飞，我飞飞飞。终于，运输机带着坦克腾空而起，飞到了空中。

飞起来了，飞行坦克飞起来了！下面的人群一片欢呼。

可他们高兴得实在是太早了，十几分钟后，问题便出现了。由于严重超载，运输机的发动机出现过热现象，发动机是飞机的心脏，一旦出现故障，很可能会导致机毁人亡的后果。所以，还没到目的地，飞行员便不得不痛苦地决定，提前"放飞"飞行坦克。

值得庆幸的是，飞行坦克的表现还不错。驾驶员阿诺金驾驶着飞行坦克向下面一块很小的田野飞去。他一边操作滑翔机，一边打开发动机。然后，他灵活地操作坦克的驱动装置，成功地降落到地面上。激动的他把飞行坦克的机翼拆下来后，驾驶着坦克返回了基地。

难减的肥

虽然坦克平安回家，但在场的所有人都明白，试飞很失飞行坦克连目的地都没有到达。如果派它去长途参战，还没场，就会被这样扔在半路上。等它气喘吁吁地爬到战场，恐场都被打扫干净N天了。

这在一分一秒都会决定战争胜负的战场是绝对不能容忍

"坦克很重，非常重，要想运载这么重的东西，我们只制更大载重量的运输机。"安东诺夫说。

"拜托，现在整个国家都在忙着与德国打仗，哪还有财力呀！"另一个设计师说。

唯一的一条路，就只能是给飞行坦克减肥了。

安东诺夫挽起袖子，把飞行坦克的许多武器和装甲都了，还大量减少了坦克的燃料供应。

可另一个问题又出现了——你如果把坦克的武器和装掉，那坦克还叫坦克吗？开着这么一辆所谓的坦克上战场去打击敌人，而是去当敌人的活动靶子，是去自杀。相信个有点儿头脑的驾驶员都不会愿意这么干的。而且，没有燃料，即使坦克侥幸没被击毁，开不了多长时间，恐怕也了。到时候，驾驶员只好弃车而逃。

减肥失败！

飞行坦克计划宣告破产，第一辆，也是唯一的一辆A40坦克被丢进空军的仓库里，慢慢生锈，成为一堆废铁。

兄弟，对不起，
我坚持不住了。

兄弟，千万别
丢下我呀！

坦克之最

最早的坦克：英国"小游民"坦克

1915年8月，英国制造。该坦克利用从美国进口的一对加长了的"布劳克"履带式拖拉机，在其角钢架上铆上钢板而制成。

最重的坦克：德国"鼠"式超大型重型坦克

1943年，德国制造，重达188吨。由于鼠式坦克过于笨重，在开往前线的途中就被苏军干掉了。1945年，德军又准备研制192吨重的毛斯坦克。但未等它出世，德国就战败了。

最轻最小速度最快的坦克：英国"蝎"式坦克

该坦克重8.1吨，时速80.5千米，有"全铝坦克"之称。它虽然轻而小，但火力强。1982年的英阿马岛战争中，"蝎"式坦克在沼泽地带行驶畅通无阻，堪称当今快速部署部队的理想装备。

最先安装旋转炮塔的坦克：法国FT17型"雷诺"坦克

法国雷诺公司总裁路易斯·雷诺亲自设计的FT17型"雷诺"坦克，于1916年11月问世。这是世界上第一台安装了旋转炮塔的坦克。这种可旋转炮塔对以后坦克的发展产生了重大影响。

服役时间最长的坦克：T-34坦克

1940年生产自苏军。在经过了半个多世纪的漫长岁月后，它至今仍在一些国家的军队中服役。T-34坦克被公认为二战中最优秀的坦克，从1940年到1945年，生产总量约为4万辆，仅次于美国的M4坦克。

产量最多、参战地域最广的坦克：美国M4"谢尔曼"坦克

二战时开始生产。在二战中，M4坦克首先称雄北非战场。此后，M4坦克作为盟军的主战坦克在西西里、意大利和诺曼底参加过战斗；在远东的缅甸、菲律宾、冲绳和太平洋诸岛屿的争夺战中，M4也投入了战斗。二战后，它还在朝鲜、印度、巴基斯坦和中东等地参加过战斗。M4坦克总数量约5万辆，是世界上数量最多的坦克。

最早的坦克：英国"小游民"坦克

最重的坦克：德国"鼠"式超大型重型坦克

最轻最小速度最快的坦克：英国"蝎"式坦克

最先安装旋转炮塔的坦克：法国FT17型"雷诺"坦克

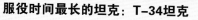

服役时间最长的坦克：T-34坦克

产量最多、参战地域最广的坦克：美国M4"谢尔曼"坦克

WORLD WAR II
苏德"战场

● 夏柠

燃烧的顿河

1941年6月22日凌晨，德军发动550万大军，也就是190个师，5000多架飞机，4000多辆坦克，50000门大炮，在北起巴伦之海，南到黑海，绵延3900公里长的战线上对苏联发动了突然袭击。开战当天，德军就深入边境五六十公里。到9月份时，苏军已经损失兵力300万，其中被俘的就有200万。斯大林痛心疾首："我们已经失去了列宁缔造的一切！"

为避免当年拿破仑出征俄国的遭遇，德军力争在严冬之前结束战争，于是选择了夏至日这天。

6月22日是一年的夏至日，也就是白天最长的时候。这一天在苏联是什么情况呢，据说即使晚上九点出门也还需要戴墨镜，阳光还很刺眼呢！到了凌晨一点钟时，不用开灯，在户外甚至都还可以看得清书上的文字。

在不列颠大空战中，德国空军受到重创，希特勒被迫宣告无限期延长空袭计划。此时的希特勒已经慌了阵脚，迫不及待地向苏联发起了突袭。第二次世界大战的规模扩大了。

开战前

有一个苏联间谍把德军行动的具体计划发给了斯大林。

《苏德互不侵犯条约》

把那个造谣的间谍给我枪毙！

然而，就在苏联军民人心惶惶的时候，老天爷开始帮忙了。10月份的时候，莫斯科的温度已经开始降到了零下。11月份，到了零下十几度。到12月份时，气温已经在零下三四十度左右。这个时候的德军还穿着单薄的夏装作战，因为希特勒认为会速战速决，压根就没有准备冬装的生产。没办法，德军紧急动员，号召国民为前线的士兵捐献御寒衣物。所以这个时候，要是看到哪位德国军官身披女士裘皮大衣在战场指挥作战，大家可别太奇怪。所幸德意志女子身材高挑的不在少数，衣服给一般男同志穿也还算合适，虽然看上去有些狼狈。人的问题倒还好说，但关键是装备也开始受不了了。枪支都冻得拉不开栓，坦克没有防滑链，在冰天雪地里直打滑，更可恶的是每次发动坦克前都要用酒精灯把油箱烤化了才行。

就这样在老天的帮助下，苏联军民取得了莫斯科保卫战的胜利，德军损失50万士兵，其中有30万是被冻死、冻伤的。德国陆军不败的神话从此被打破了。

1941年9月，德军在围攻列宁格勒不久，又于1942年7月17日，再次投入150万的兵力进攻斯大林格勒。举世瞩目的斯大林格勒战役历时160天左右，以苏军胜利告结。苏联人民谱写了"一个冬天的神话"，而希特勒在这片土地上重演了拿破仑攻占俄国的悲剧。

决战斯大林格勒

◆ 兵临城下

斯大林格勒（现名伏尔加格勒）位于伏尔加河下游、顿河大弯曲部以东约60公里处，是苏联欧洲部分的政治、经济和文化中心以及水陆交通枢纽，也是重要的军事工业基地和石油转运站。

1942年7月17日，德军在顿河河曲发起连续性的猛攻，力图突破顿河防线，而苏军进行了顽强的反击。8月23日，德军付出惨重代价后才突破顿河防线，渡过顿河河曲，开始直接攻击斯大林格勒。在这紧急关头，苏联最高统帅部命令该城守军采取一切措施守住阵地，消灭逼近伏尔加河的敌人。德国飞机在斯大林格勒上空疯狂地轮番轰炸，企图用尽可能多的屠杀平民的方式，压垮苏军士气，渲染惊慌失措的气氛。

◆ 燃烧的城市

当时的城市上空，到处弥漫着烟雾，建筑物的废墟冒着阴黑的火烟，伏尔加河沿岸的蓄油池在燃烧，铁路路基上的车厢也在燃烧。激战一直在持续，爆炸声响彻天际，五彩的曳光弹像爆豆般漫天飞，空气中满是浓浓的火药焦糊味。焦黑的土地上，战斗留下的尸体不断地被抛起来，接着又被掩埋。斯大林格勒司令部宣布全城戒严，同时号召人们："……斯大林格勒的市民们！我们绝不让法西斯土匪侮辱我们的故乡城市。我们要团结得像一个人一样奋起保卫城市，保卫家园，保卫我们的家庭……我们要使每一幢房屋，每一个街区，每一条街道都成为不可攻克的堡垒……大家都来修筑堡垒！一切能使用武器的人，都起来保卫故乡的城市，保卫自己的家园！"人民群众在高度的爱国主义精神指导下，积极地响应号召，参加到保家卫国的战斗中来。

据说当时有近7.5万名姑娘分别成为高射炮手、无线电兵、卫生员和护士，她们把自己的青春奉献给伟大的斯大林格勒保卫战。全城的人民和苏军密切配合，共同奋战。拖拉机厂的工人们一边反击敌人，一边在弹片横飞的车间里坚持生产。在激战的9月份里，他们生产了1200辆坦克和150辆牵引车……在参战期间，无论男女老少，人人都是战士，到处都是战场，希特勒的军队陷入人民战争的汪洋大海中，久战不胜。希特勒原想速战速决，但斯大林格勒人民的顽强反击，使德军陷入困境。从9月13日到26日，德军每天几乎伤亡3000多人，却仍然不能占领全城。德军的士气一天天低落下去。

在整个斯大林格勒，任何"温情主义"都不被接受。苏维埃政权对待逃兵也像对待敌人一样绝不宽恕。未经许可撤退及自伤、逃亡、投敌、腐败等所有罪行，均被定为"非常事件"。更夸张的是，如果你看到自己的战友准备逃跑或向敌人投降而没有马上向他开火，你也同样会被判为有罪。

◆ 激烈巷战

9月14日，争夺市中心的激战达到了白热化的阶段。德军从早到晚冲锋不止，他们死伤惨重。据守斯大林格勒的62集团军战士，抱着与城共存亡的决心和德军浴血战斗。

为了争夺火车站，德苏双方争夺激烈，一周内火车站易手13次。为了争夺被德军占领的马耶夫岗高地，近卫军猛扑高地东北面的陡峭斜坡，冲入战壕与德军展开了白刃搏斗，终于把高地夺回。守卫"巴甫洛夫大楼"的激战持续了58个昼夜，德军用火炮、迫击炮进行射击，还派飞机向楼房轰炸，楼房虽被炸得面目全非，却始终未被摧毁。苏军坚守楼房，给敌人一次又一次的还击。一名护士为了掩护伤员，端起机枪消灭了30多个德军，自己身负重伤，仍坚持到自己的部队赶到。在苏联军民的英勇阻击下，德军的锐气受到严重挫伤。战争进行到11月中旬，德军陷入了进退两难的困境。

◆ "冬天的神话"

严寒的冬季终于来到了，毫无过冬准备的德国士兵又一次陷入饥寒交迫中，很多士兵被冻死，德国的战斗力一天天衰弱下去，12月初，斯大林格勒地区已是寒冬，气温下降到摄氏零下20到40度。希特勒对冬季作战毫无准备，德军无棉衣，无保暖设备，飞机和坦克的马达无法发动，枪栓拉不开，武器失灵。而苏军已穿戴上保暖棉衣、皮靴和护耳冬帽，枪炮套上了保暖套，涂上了防冻润滑油。战争的形势逐渐逆转。

◆ 胜利转折

1943年2月2日，持续6个月的斯大林格勒大会战终于结束了。9万1千多德国官兵，其中包括鲍罗斯在内的24名高级将领，穿着单薄的衣衫，抓紧裹在身上满是血污的毛毯，在零下24摄氏度的严寒下，一步一拐地走向寒冷的西伯利亚战俘营。

斯大林格勒大战给希特勒法西斯以致命的打击，德军再也无力进行大规模的反攻了，他们一步步后退，开始走下坡路。苏联红军则开始大反攻，陆续收复了失地，并攻入德国本土。

苏联人民用鲜血谱写了一个"冬天的神话"，取得了斯大林格勒保卫战的胜利，这成为苏德战场的转折点，也成为第二次世界大战的伟大转折。

"幽灵杀手" ——盘点苏联王牌狙击手

东芭拉：接下来，要隆重推出苏联的王牌狙击手啦！

孔龙：我最近看了一部老电影，叫《兵临城下》，里边的瓦西里据说就是根据真实人物塑造的角色。

东芭拉：狙击手的英文写法是"Sniper"，这个词源于1773年前后驻扎在印度的英国士兵的一种游戏，那里的士兵经常猎杀一种名叫沙锥鸟（Snipe）的敏捷的小鸟。由于这种鸟非常难击中，因此长于此道的人被称为sniper。后来，sniper就成为专业狙击手的正式叫法了。

孔龙：东芭拉你知道的可真够专业。

东芭拉：哈哈，你知道这狙击手都要具备哪些本领不？

孔龙：那还用说，百步穿杨的本事呗！

东芭拉：远没那么简单！出色的狙击手除了要贯彻狙击概念和熟练掌握武器系统外，还包括如何计算风差影响和测距；要学会潜伏行进，选择战术机动路线，构筑射击阵地，隐蔽地进入和撤出阵地，观测和发现隐藏的目标等；狙击手还要善于观察战区，确定可疑声音的方位，善于使用人工和天然材料进行伪装，能够迅速机动，具备忍受长时间潜伏的能力等。此外，狙击手还需要准确判读地图和战场航拍照片的能力，这往往能够帮助狙击手迅速、安全地进入和撤离战场。

孔龙：那真是太帅了……

瓦西里·扎依采夫

斯大林格勒战役中共狙杀225名德军官兵，电影《兵临城下》的主角。战争期间的狙杀纪录大约在400人。

柳德米拉·米哈伊尔洛夫娜·帕夫利琴科

是一位十分漂亮的姑娘，同时也是一名出色的狙击手——在敖德萨和塞瓦斯托波尔战役中一共击毙了309名德军，创造了巾帼不让须眉的狙击神话。她也是在射杀人数超过300人的25位世界著名狙击手中唯一的女性。

永不沉没的冰航母

○ 郭文峰

孔龙，昨天在哈尔滨冰雕节，你知道我见到什么了吗？

什么好东西？

冰船，一艘大冰船。

造冰船有什么用，又不能开到水里当真船用。

谁说不能？有的冰船不但能载人航行，还能当战舰用呢。不信？咱现在就去见识一艘体积比世界上最大的"尼米兹级"核动力航母还庞大得多的奇葩——"哈巴库克"号冰航母。

用冰造航母？是你疯了，还是我听错了？

用冰造航母？是你疯了，还是我听错了？

1942年12月的一天。

英国唐宁街10号首相办公室里，大英帝国首相温斯顿·丘吉尔正叼着雪茄，焦躁地踱着步。

海军上将路易斯·蒙巴顿敲门而入："首相大人，还在为德国的潜艇发愁吗？"

"当然了，"丘吉尔气恼地挠着脑袋上的几缕头发，"86万吨的商船竟然被德国潜艇击沉，我们的海上补给线就要被完全切断了，却没有足够的驱逐舰和航母护航。该死的希特勒！"

"我有办法造航母。"

"你能有什么办法？"丘吉尔疑惑地打量着蒙巴顿，"我们现在根本没有造航母的钢材。"

蒙巴顿神秘地一笑："我们不用钢材，用冰！"

丘吉尔笑得把雪茄都吐了："用冰造航母？究竟是你神经了？还是我神经了？"

"这种天才的想法也只有神经病才能想得出，"蒙巴顿赞同地说，"虽然我很想承认这是我的创意，但这个神经病确实不是我，是一个叫杰弗里·派克的记者。他的兼职是间谍，正职是发明家。他建议，把北极那取之不尽用之不竭的冰山改造成航空母舰，一旦成功，我们就有了更多的航空母舰，而且冰会浮在水上，到时候我们拥有的将是永不沉没的冰航母。消灭德国潜艇，打败希特勒都就会容易多了。"蒙巴顿的眼睛里充满了狂热。

"别做梦了，将军！"丘吉尔不耐烦地说，"你以为我没学过物理吗？不了解冰山吗？它们一敲就碎，一见热水就融化，这种东西怎么能抵挡德国的炮弹呢？"

"您要相信我们的科学家，他们总有办法解决的。"

"那就等解决了再来找我。"丘吉尔大手一挥，把蒙巴顿请出了办公室。

用冰造航母？是你疯了，还是我听错了？

这种天才的想法，也只有疯子才能想得出。

这种神奇的物质，叫木屑

1943年3月的一天，蒙巴顿又去找丘吉尔了。

当时，丘吉尔正在洗澡。蒙巴顿闯进去，把一块冰扔进了浴缸里。

"你想干什么？"丘吉尔简直要火冒三丈。

"少安毋躁，"蒙巴顿指着这块灰乎乎的冰块说，"请首相大人仔细看。"

看了几分钟，丘吉尔发现问题了，在40度的热水里，这块棱角分明的冰竟然没有出现任何融化的迹象。

蒙巴顿得意洋洋地说："首相大人，这就是科学家们最新研制出来的复合冰块，叫派克瑞特。"

派克瑞特不但融化速度极慢，还像混凝土一样坚硬。8月15日，在英美总参谋部魁北克战略会议上，蒙巴顿拔出手枪，对准派克瑞特射击，不但没能射伤它，反弹的子弹反而差点儿擦伤参加会议的美国海军上将欧内斯特·金的大腿。

在场的人都被惊得目瞪口呆："你到底耍了什么魔术，让一块普通的冰变得这么坚硬？"

"不是魔术，而是科学，"蒙巴顿强调，"科学家们只是在冰块里掺了一点儿材料而已！而这种神奇的材料，叫——"蒙巴顿卖了个关子，等所有的目光都聚焦到他的脸上后，才揭晓答案，"叫木屑。因为木材是全世界最好的天然绝缘体，它不但能阻止热量的进入，还能强化冰块的结构。"

所有人都被征服了。不久，英国首相丘吉尔和美国总统罗斯福都批准了建造冰航母的计划。

派克瑞特

雄心勃勃的计划

1943年5月的时候，蒙巴顿组织的一些技术专家就已经在加拿大落基山下的帕特里夏湖用派克瑞特为原料建造试验品。

一个月后，"冰航母"模型问世，长20米，外面贴着木板，内舱壁涂有沥青，船体上凿有管道状通风孔。各项测试证明，它基本符合设计要求，能承受较大风浪冲击，而且经过火热夏天的炙烤，它都安然度过而没有融化。

试验通过后，冰航母建造计划在蒙巴顿的大力推动下，快马加鞭地进行。

计划建造的第一艘冰航母被命名为"哈巴库克"号。当时是1943年，英国和德国正在大西洋上打得激烈，在战争的逼迫下，工程师们仅仅用了三个月便拿出了设计蓝图。

"哈巴库克"号冰航母长600米，舰体厚12米，总重达200万吨，有26个螺旋桨推进器。即使世界上最大的"尼米兹级"核动力航母在它面前，也是一个小矮人。它的船壳有12米厚，能防御鱼雷和30米高的海浪撞击；甲板有600米长，供重型轰炸机起飞；整艘军舰上都有制冷系统，以保护冰层不融化；同时，舰上还装设许多架制冰机，用以填补、修复舰身出现的裂缝或者在战斗中出现的损伤。

设计上可以说是完美无缺。

当时，绝大多数美英高级将领都对冰航母的计划充满了信心，热切期盼着这艘有史以来最奇葩的航母的问世。

可事实证明，他们实在是太过于乐观了。

从此之后，我就是老大了。

理想很丰满，现实很骨感

虽然在"哈巴库克"的理论论证中一切OK，在实际造中却出现了许多技术难题。它的单项设计都没问题，成整体后却一点儿也不兼容，可以说是漏洞百出。其中主要的就是对舰上大型动力装置的散热量估计不足。事上，只要发动机一启动，周围的冰就会开始大量融化——派克瑞克并不是不会融化的钢铁，只是融化的速度比较而已。

技术难题还是其次的，最重要的还是现实问题。

建造一艘这么庞大的冰航母，需要大量的派克瑞特，可要想制造这么多冰，就需要建造一个巨大的冷冻厂；要想建造一个巨大的冷冻厂，就需要一种材料——钢铁，而且需要的钢铁数量比制造一艘航母还多。

这实在是一个令人哭笑不得的悖论。因为缺少钢铁才决定制造冰航母；可制造冰航母，却需要更多的钢铁，而在当时，根本没有多余的钢铁来建造一艘优点是不用铁的冰航母。

理想很丰满，现实很骨感。

冰航母的计划被迫终止。"哈巴库克"号成了"烂楼"，只制造了约18米长。一年多之后，它才完全融化。

1943年10月，随着这个计划最热心的推动者蒙巴顿军就任盟军东南亚战区司令，冰航母计划最终不了了之。

这个计划虽然失败，这个设计在舰船史上却是空前后的大胆设想。至今，"哈巴库克"的设计蓝图还保存英国皇家海军的档案馆中，成为珍贵的历史文物。

路易斯·蒙巴顿的一生

路易斯·蒙巴顿，生卒年月为1900年6月25日－1979年8月27日，英国海军元帅，东南亚盟军总司令。

1913年参军，曾任威尔士亲王副官。

1927至1933年，从事无线电通信工作。

1942年，任盟军联合作战司令，指挥英国海军袭击驻法国和挪威港口的德国海军。

1943年起，任东南亚战区盟军总司令，协调史迪威、斯利姆、温盖特的行动。

1947年，任印度总督，提出"蒙巴顿方案"，使印度和巴基斯坦分治。

1952至1954年，任北大西洋公约组织地中海舰队总司令。

1955年，任英国海军参谋长。

1956年，晋升元帅。

1959年，任国防参谋长和参谋长委员会主席。

1965年，退役。

1979年8月27日，在游船上被爱尔兰共和军放置的炸弹炸死。终年79岁。

蒙巴顿最痛恨的就是日本人了。在二战的受降仪式上，他拒绝与投降的日本人握手，从来没有访问过日本，连葬礼都拒绝日本人参加。

呜呜，怎么把我晾在这里不管了？你们要是再不开工，我就要化成水了。

航母之最

世界上第一艘航母：英国皇家海军"百眼巨人号"

它在1918年5月建成，排水量是1.4459万吨，可载机20架，同年9月正式编入英国皇家海军。

第一艘核动力航母：美国海军"企业号"

它在1958年2月动工建造。1961年11月加入美国海军太平洋舰队。它的排水量是8.56万吨，全长342米，宽40米（水线），最大甲板宽76米。

迄今最大的航母：美国海军"尼米兹级"核动力航母

"尼米兹级"航空母舰是当今世界海军威力最大的海上巨无霸，一共有10艘同型舰。满载排水量高达10.2万吨。

现役最小的航母：泰国"查克理王朝号"

它全长182.6米，宽22.5米，吃水6.25米，标准排水量7000吨，满载排水量1.1485万吨。

中国第一艘航母："辽宁号"

它改装自苏联的"瓦良格号"，2012年9月25日，正式更名"辽宁号"，交付中国人民解放军海军使用。

血战太平洋

●夏柠

孔龙：东芭拉，苏德战场真叫一个"惨烈"，我现在想来，还是心惊胆战……

东芭拉：如果苏德战场称得上惨烈的话，那太平洋战场更可谓疯狂了。血腥、泥泞、各种武器……

太平洋战场关键词：航母、转折
血腥指数：★★★★★
武器使用率：★★★★★
导火索：日本偷袭珍珠港
著名战役：珊瑚海海战、中途岛海战

山本五十六
（1884年4月4日～1943年4月18日）

日本帝国海军军官，第26、27任日本联合舰队司令长官。战死时为海军大将军衔，死后被追赠元帅称号。他自幼受到了武士道和军事熏陶，具有顽强的意志和争强好胜的精神，善于作出大胆甚至冒险的决策，而且好赌成性。

致命5分钟的生死较量

1942年6月4日是充满传奇的一天。隔洋相望1600多公里但从未谋面的世界最强大的两大舰队——日本海军联合舰队和美国太平洋舰队，在这天将一决雌雄。而这次战役中，最具决定性的事件仅仅用了短短的5分钟。

早在日本偷袭珍珠港后，山本五十六就曾冷静地分析："这一举动不过是唤醒了一个沉睡的工业巨人，日本必须赶在这个巨人起身之前，完成未竟的事业，彻底消灭美国的太平洋舰队。一旦这个蕴藏着巨大战争潜力的巨人起身反击，日本必将招致灭顶之灾。"于是，好赌成性的山本决定到中途岛上赌一赌。为此他还专门制定了"米号作战"计划，可惜的是，美国的情报部门及时截获了这一计划，并做好了迎战准备。

这一天，当黎明的第一抹淡云出现在海天之际时，日本的赤城、加贺、飞龙和苍龙四艘航空母舰上的泛光灯一起打开，在灯光的照射下，一批批俯冲轰炸机、水平轰炸机和零式战斗机从航母跑道上起飞，先以环形列队轰鸣着绕舰一周，然后往东南疾飞至中途岛。

当日本的飞机逼近时，美国飞机早已全部升空。日本人扑空的同时，美国轰炸机已飞至日本舰队的上空，直扑向赤城号大型航母，轮流扔下一排排的鱼雷后又飞速跃回高空。这一下，彻底把日本的作战计划搅乱了。

航母最怕航载机飞完一个轮次回来续油或装弹时对方来轰炸，这时一旦航载机无法起飞，只有白白挨炸的份儿。美方恰恰抓住了这点。

待日本最后一架飞机返回降落至航母甲板后，美国先派出15架过时且毫无战斗力的战斗机，投入日本的虎口以迷惑日方，造成日本大胜的假象，待其沉迷胜利而雀跃欢呼时，在日本最无法还手的绝佳机会让自己的轰炸机偷袭日本航母。最致命的5分钟来了，当美国的轰炸机从晴空呼啸而下时，没有一架日本战斗机来得及起飞应急，而舰上的高射炮也是干等到最后一分钟才来得及开火，日本航母只有挨炸的份儿了。

赤城号最先报销，穿透甲板的炸弹在舰体深处爆炸开来，将舰内的炸弹引爆，造成舰体剧烈颠簸，把燃烧的飞机全抖落到海里。接着加贺号也迅速下沉，同时苍龙号沉没。前后不过几分钟，日本的3艘航母全被秒杀。仅存的飞龙号拼死冲向美国的约克敦号，使约克敦号舰长不得不发出弃船的命令。就在此时，赶来的其他飞机全部冲向飞龙号，飞龙号很快成为了美国轰炸机的实战靶。

这就是著名的中途岛海战中的经典一幕。

至中途岛海战结束，日本共损失航空母舰4艘、重巡洋舰1艘、飞机330架、兵员3500余人；美国则损失航空母舰约克敦号1艘、驱逐舰1艘、147架飞机、兵员307人。这场战役摧毁了日军称霸太平洋的梦想，战局开始转向了对盟军有利的一边。

二战 "007" ——谍影重重

东芭拉：提到特工007，你一定热血沸腾。在第二次世界大战中，也出现了几位著名的"007"。

孔龙：膜拜……

博士间谍：理查德·佐尔格

本人国籍：德国
活动地点：日本
效忠国家：苏联

当理查德·佐尔格因间谍罪被捕时，很多人都不敢相信，这名在东京德国使馆内拥有单独办公室并与大使亲密无间的德国记者，竟然为莫斯科工作。

佐尔格的母亲是俄罗斯人，他3岁时举家迁往德国。大学期间，受左翼思想影响，加入德国共产党。1924年苏联情报部门将佐尔格收为特工。

著名事迹：

1.1941年德国对苏联不宣而战，之前佐尔格已经向苏联政府报告这一消息，却没有得到足够重视。

2.战争打响后，日本声明要在远东地区开辟战场，令苏联腹背受敌。莫斯科陷入极度恐慌之中。佐尔格和他的同伴进行了大量情报分析，得出结论："苏联远东地区是安全的，日本不可能发动对苏战争。相反，日本将在几周内向美国开战。"由于佐尔格的准确判断，苏联才大胆将兵力集中到西线，全力保卫莫斯科，并最终取得胜利。

最终结局：

佐尔格被捕后，1944年11月7日因叛国罪被秘密处死，享年49岁。

东芭拉：苏联盲目相信跟德国签署的互不侵犯条约，以至于这么重要的情报都被无视——想想这么绝密的计划要弄到手得付出多大的代价！

完美女谍：辛西娅

本人国籍：美国
活动地点：美国
效忠国家：英国

1930年4月，她和英国驻美国大使馆的官员、商务处的二等秘书阿瑟·帕克结为夫妇，当时她只有20岁。从那时起，嗜好冒险和娱乐的贝蒂开始涉足搞秘密活动的特工行列，她那好动、敏捷、生龙活虎的性格使她能在社交界大显身手。

著名事迹：

1941年，辛西娅在美国弄到了法国维希政府（当时纳粹在法国的傀儡政府）驻华盛顿大使馆与欧洲之间的全部通讯手段秘密及重要情报。这使得在美国港口停靠修理的所有英国军舰免遭纳粹间谍的破坏。

1942年，辛西娅成功盗取了法国维希政府海军的密码本，这使得盟军在北非屡屡避开法国的作战部队，作战压力大大减少，为盟军赢得北非战场的胜利立下了汗马功劳。

最终结局：

1946年，辛西娅和搭档布鲁斯正式结婚。他们在法国南部佩皮尼扬附近的一个传奇式的古城堡里过上了宁静、幸福和没有任何干扰的田园生活，直至终老。

东芭拉：在从事间谍活动过程中，辛西娅无数次诱惑、欺骗、教唆别人，可以说做了不少不光彩的事，也害了不少人。可辛西娅并不后悔，因为她坚信，她做的事情是正义的。事实也确实是这样，人们这样评价她："一个美国女人又挽救了大不列颠。"

笑面双谍：武尔夫·施密特

本人国籍：德国
活动地点：英国
效忠国家：英国

武尔夫·施密特的父亲是德国人，曾服役于德国空军。年轻的武尔夫非常喜欢希特勒的《我的奋斗》的哲学思想，是个地道的纳粹追随者。

武尔夫乐于冒险的性格使他成为纳粹德国秘密间谍人员的招募对象。接受了全面的训练后，武尔夫的才智赢得了上司阿布威的信任，他作为纳粹德国阿布威的间谍被派往英国。

然而"不幸"的是，武尔夫被出卖，一到英国就被军情五处俘获。了解到自己是被自己的同胞出卖、走投无路之后，武尔夫答应军情五处，成为一名双重间谍：他一面为二战时的同盟国搜集有关德国的最重要的政治、军事情报；另一方面，他又和军情五处合作，以虚假情报成功地误导了纳粹德国。以至于直到战争结束，德国军方仍将他视为忠诚于纳粹的"间谍中的明珠"，授予了他铁十字勋章。

最终结局：

战争结束后，武尔夫出于种种原因没有再回到德国，而是与一位英国姑娘结了婚，过着安逸的生活。

东芭拉： 用现在的话说，年轻的武尔夫是希特勒的一个狂热粉丝。当他最终选择效力英国的时候，他的背叛也实在彻底：即使有很多机会可以逃回德国，他也没有那样做。据说战后他不回德国定居的原因是心中有愧，这是不是说明，他的双重间谍身份是为了保命不得已而为之？

东方艳谍：川岛芳子

本人国籍：中国、日本双国籍
活动地点：中国
效忠国家：日本

川岛芳子（又名金璧辉），本是清朝最后一代王族肃亲王的第十四个女儿。3岁时，金璧辉被过继给了当时日本外交官川岛浪速为养女，后改名为川岛芳子。1912年，清朝灭亡以后，在她6岁时，便随养父去了日本。在日本，川岛芳子学了一身"复国"本领。长大以后，川岛芳子回到中国，利用她皇族后裔和日本高官养女的双重身份在中国从事间谍活动。

著名事迹：

"皇姑屯事件""九·一八事变""满洲独立"等事件背后都有川岛芳子的影子。"一·二八事变"和"转移末代皇后婉容"更是她亲自导演，其余大大小小的间谍活动不胜枚举。

最终结局：

★官方版：1947年10月5日，北平高等法院法官做出正式判决，判定金璧辉（即川岛芳子）是叛国者，死罪。1948年3月25日，川岛芳子被执行枪决。

★未证实版：传说在行刑时被打死的川岛芳子是替身，真正的川岛芳子则一直隐居在长春，被称为"方姥"，直到1978年去世。至于这事儿的真假，到现在还没有官方的定论。等有时间，东芭拉一定去探探这位不凡女性的一生。

对于川岛芳子，东芭拉就不做过多评价了。这是一个不简单的女人，如果不是生逢乱世，也许会成就一番伟业。

蝙蝠炸弹

●大大风

蝙蝠：脊索动物门，哺乳纲，翼手目，样子像老鼠，但能像鸟类一样飞行。因为它"个性"的外貌，所以被古代人发达的想象力"加工"成各种恐怖故事的"主角"——最有名的就是吸血鬼。

炸弹：一种填充有炸药的武器，爆炸时释放出的热量、冲击波和产生的大量碎片会造成巨大的破坏。其中最厉害的"核弹"可以在瞬间毁灭一座城市，是名副其实的大规模杀伤性武器。

蝙蝠炸弹小档案

代号：X光计划

创意：让蝙蝠携带着微型燃烧弹袭击日本

谁搞的：美国军方

试验时间：1943年3月

结果：被原子弹计划PK掉

那么，让我们来做一道数学题：蝙蝠+炸弹=？

当你看到这篇文章的标题时，是不是一脑袋问号？不过，在二战过程中，出现过会飞的坦克、小鸡保姆、反坦克狗狗和蚊子"打针大队"，还有什么能让你感到惊奇呢？二战这段无奇不有的历史一直都在告诉我们一个事实：一切皆有可能。

没天理，你们人类打仗，凭什么让我们去送死？

牙医的报复

1941年12月7日，日本偷袭珍珠港，美国太平洋舰队遭到沉重打击，被激怒的美国人纷纷呼吁对无耻的日本人进行报复。

当时，美国牙医莱特尔·亚当斯刚刚去过卡尔斯巴德的蝙蝠洞穴。那些蝙蝠成群结队飞过他的头顶的场景给他留下了深刻的印象。他想，为什么不能为数百万只蝙蝠装上燃烧弹，然后空投到日本的大城市，比如东京呢？

这是一个大胆得几乎荒唐的想法，却并不是空想，因为日本传统的房屋多是用竹、木、纸做建筑原料，被投放的蝙蝠可以悄无声息地潜到里面，然后，定时炸弹爆炸。轰，整个东京都会陷入火海中，化为灰烬。

亚当斯决定把这个想法写信告诉美国总统罗斯福，但总统正被日本人的偷袭闹得焦头烂额，而且每天都会收到数以万计的信件。他的信很可能还没到达总统的办公桌，便会被丢进了垃圾箱里。

怎么才能确保总统能看到这封信呢？他想到了一个人，安娜·埃莉诺·罗斯福，是常来找他看牙的一个病人，这个病人的老公叫富兰克林·罗斯福，现任美国总统。

1942年1月，经过埃莉诺的转交，罗斯福看到了他的信。罗斯福十分欣赏他这个天才的设想，把信转给了美国战略情报局局长多诺万，并注明："这人不是疯子。"

亚当斯的计划得到美国军方的支持，他迅速组织起了一个20人的小组，投入到了蝙蝠炸弹的研究中。

肥尾皱唇蝠和微型燃烧弹

蝙蝠研究小组成立后的第一件事情是寻找蝙蝠。

寻找……蝙蝠?

是的,你没看错,虽然蝙蝠到处都有,但蝙蝠炸弹的活并不是所有的蝙蝠都能干。他们需要能携带尽可能多的炸药的蝙蝠。

于是,亚当斯和他的伙伴踏上了艰苦的寻找之路,钻山洞、下矿井、摸阁楼,历经几个月的时间,终于寻找到了一种合适的蝙蝠——肥尾皱唇蝠。一只肥尾皱唇蝠能携带28克炸药,虽然没有大个儿的尖耳獒(áo)面蝠载重量大,但胜在数量多,容易捕获。他仅在德克萨斯州奈伊洞穴就发现了两三千万只。

与此同时,负责研究炸弹的小组也取得进展,成功设计出了微型燃烧弹。它由硝化纤维制成,呈长方形,里面装满煤油,由机械点火器延迟点燃。借助手术夹和某种结实的细绳,科学家能把微型燃烧弹固定在蝙蝠腹部。

为了把这些蝙蝠炸弹长途运输到日本,科学家又专门设计了一种投放弹,投放弹中有26个盘子,每个盘子有40个格子,每个格子放一只蝙蝠,一个投放弹就能容纳一千多只蝙蝠。这种投放弹还具有冷冻贮藏的功能,能让蝙蝠在低温中乖乖地休眠。

至于运输工具,也找到了。B-29轰炸机,这是一种大型轰炸机,一架最多可运送20万只蝙蝠。

B-29轰炸机将投放弹运送到日本上空后,用降落伞投放。投放弹的弹壳自动脱落,盘子滑开,盘子内的温度在降落中升高。原本处于休眠状态的蝙蝠逐渐苏醒,展翅飞行,钻到日本人的房子里,定时燃烧弹爆炸,轰!

搞定了?

当然没有,这些只是纸上谈兵,还没有经过实战的检验,万里长征才走了一千里而已。

宝贝,乖乖地睡一觉,你们就到日本了。

天上下起蝙蝠雨

接下来的工作是试验。

1943年3月，在新墨西哥的一个机场，第一次试验开始，参加者是180只蝙蝠。当这些蝙蝠炸弹被从投放弹中释放出来后，它们及时苏醒，成功摧毁了地面上的模拟建筑。

试验很成功。

亚当斯很兴奋，再接再厉，在5月又进行了第二次试验。这次的试验规模扩大了，3500只蝙蝠。

这是一个晴朗的上午，在万众瞩目中，投放弹被轰炸机投掷了出来，降落伞展开，蝙蝠被弹出——啪啪啪，天上突然下起了一场蝙蝠雨，大部分蝙蝠连翅膀都没来得及展开，便被活活摔死。

试验惨败。

事后调查，问题主要出在投放弹身上，它没有起到应有的作用，许多蝙蝠还没有苏醒便被弹了出来；还有，在固定燃烧弹时，手术夹弄伤了蝙蝠柔嫩的皮肤，导致它们飞行不稳。

事实证明，蝙蝠炸弹的研究还远远说不上成功，还有很长的路要走。

但亚当斯并没有灰心，他把一个个需要攻关的项目——能空中延时开箱的新型降落伞、新的炸弹固定方法、更简单的点火器等——列好，又带着他的团队埋头工作起来。他相信天才在于勤奋，只要努力，自己一定会找到解决办法的。

可一场突如其来的大火，几乎把他所有的劳动成果都给烧光了。

搬起石头砸自己的脚

1943年8月的一天，蝙蝠试验基地的工作人员正准新一次的试验，把微型燃烧弹固定到新抓来的蝙蝠身上然后把它们推进低温仓库存放。

可是在离开的时候，一个工作人员忘了关闭大门。一些蝙蝠展开翅膀飞出来，飞到了基地的各个角落。

凄厉的警报响彻整个基地，所有人都被惊动，投入抓捕蝙蝠的行动中去。可已经来不及了，蝙蝠炸弹爆炸，整个基地陷入一火海中。虽然没有造成大的人员伤亡，可基地里的汽车飞机、试验材料和辛辛苦苦写的研究资料全都化为灰烬

事实证明，蝙蝠炸弹的效果确实很好，只可惜，烧的不是他们设想中的东京。

美军搬起石头砸了自己的脚。

救命！

被原子弹 PK 掉

经过这个事件，负责此事的陆军有些心灰意冷，把蝙蝠炸弹项目移交给了美国海军，海军把它更名为"X光计划"，继续试验。

虽然历经波折，亚当斯仍然没有气馁，他带着他的研究小组搬到海军准备的新基地，又投入到紧张的研究中去了。

1944年2月，"X光计划"研究小组研制出了一种新型黏合剂，能将微型燃烧弹粘在蝙蝠腿上，不用再伤及蝙蝠的皮肤。

亚当斯兴奋地把这个进展上报，期待着更大规模的蝙蝠炸弹试验。可他等来的不是嘉奖，而是晴天霹雳——美国政府下令停止"X光计划"。

"为什么？为什么？"亚当斯不服气地质问美国海军总司令欧内斯特·约瑟夫·金将军，"事实不是已经证明，蝙蝠炸弹确实是一种杀伤力巨大的武器吗？"

"没错，"金无奈地摊摊手说，"但白宫里的那帮家伙说他们正在进行一项更加伟大的计划，研究一种威力更大的武器，而且即将问世。"

无奈的亚当斯只好收拾东西，打道回府，重新干他的老本行牙医去了。花费了200万美元，浪费了无数人力物力财力的蝙蝠炸弹计划，就此终结。

1945年8月，当美国人把两枚原子弹投到日本的广岛和长崎后，亚当斯知道那个把自己的蝙蝠炸弹PK掉的武器是什么了。

但亚当斯医生并不服气，他认为，蝙蝠炸弹的攻击威力巨大，并不在那两枚原子弹的威力之下，落在日本的，本应是他的秘密武器。

黑色集中营

●夏柠

东芭拉：孔龙，你一向见多识广，请问什么人最善于经商？

孔龙：你这算问对人了。经商嘛，古代当属徽（安徽）商、晋（山西）商，现在人们似乎只说温商，别的商都不怎么知道了。

东芭拉：眼界放宽点，我说的是世界上。

孔龙：这个，我想应该是犹太人！

东芭拉：这个也知道。

孔龙：有句话说，控制世界的是美国，控制美国的则是犹太人。全世界最有钱的企业家中犹太人占一半，美国百万富翁中犹太人三居其一。

东芭拉：没错，数据有点老，大体差不多。犹太人如此聪明和富有，却在二战期间几乎遭到了灭顶之灾！

"杀人工厂"

二战期间，纳粹德国建立了各种臭名昭著的集中营，有多达600多万犹太人在这里惨遭法西斯分子虐杀（注意，是虐杀）。从奥斯维辛到贝尔根·贝尔森，从布痕瓦尔德到萨克森豪森，那一座座耸立的高墙后面，留在人们记忆中的是这样一些痛苦的词汇：毒气室、刑具、焚尸炉和无休止的咆哮、哀号。

奥斯维辛原本是波兰南部一个宁静而美丽的小镇。二战期间，纳粹在这里设立了最大的集中营，杀害了110多万人。1945年1月27日，苏联红军解放这里时，在这发现了一座用铁丝网围起的集中营，里面还有7000多人，他们个个表情呆滞，瘦弱不堪。这就是臭名昭著的纳粹奥斯维辛集中营，二战期间最大规模的"杀人工厂"。

"那些日子我至今记忆犹新，盟军是在中午12点左右到达集中营的，而就在这个我们期盼了好几年的日子终于来临的时刻，我们甚至没有力气迎接那一刻来临的喜悦。"对于从纳粹集中营走出来的幸存者来说，血色的记忆难以忘记，很多幸存者因此留下了终身的后遗症，一些人看到狗就恐怖不已，因为想起了纳粹德军手中牵着的猎犬；有些人一到人多拥挤的地方就浑身直哆嗦，因为当年在集中营中经常是一大堆囚犯挤在一个小地方接受苦役。

当年纳粹奥斯维辛集中营管理局控制的地区面积达40平方公里。希特勒纳粹把从欧洲各国抓来的人用闷罐子货车运到集中营，从中挑出极少数身强力壮者去做苦役，其他的，包括儿童甚至初生婴儿都被送进毒气室杀死，然后送入焚尸炉焚化。这其中以犹太人最多，达250万。

所有被关押到这里的犹太人以及其他无辜平民百姓和战俘的最终命运除了惨遭屠杀之外，他们的随身财物也被劫掠一空，就连死者身上的牙齿、头发乃至皮肤都不放过。囚犯的衣服、鞋，比较好的他们就拿去给德国兵穿，差一点的就给下一批囚犯用。苏联红军解放集中营时，这里堆放着7吨头发，近1.4万条人发毛毯，35万件女装，4万双男鞋和5000双女鞋。

奥斯维辛的一个党卫军军官弗立兹·鲍曼战后受审时交代说，从奥斯维辛的囚犯那里掠夺的贵重物品至少价值10亿马克。但事实上，被掠夺的死难者的财物的价值要远远超过鲍曼的估计，纳粹光是在奥斯维辛就修建了35个特别仓库来分类储藏他们从囚犯身上抢来的赃物。

一列通往奥斯维辛集中营的火车，车上载满犹太人。（1944年夏天）

一火车匈牙利犹太人正被送往奥斯维辛的"白桦林"毒气室。

悲戚回眸——纳粹集中营一览

除了奥斯维辛死亡集中营，纳粹在二战期间还建立了其他几个"著名"的"杀人工厂"。

1.德国萨克森豪森集中营

位于德国首都柏林附近，先后关押过22万名囚犯，其中有10万人惨遭杀害或死于劳累与疾病。

2.德国布痕瓦尔德集中营

坐落在德国魏玛附近，大约100万人死于饥饿和其他原因。1945年4月，美国军队解放了那里的大约2万名幸存者。

3.奥地利毛特豪森集中营

1938年修建，囚禁过20万人，其中10万多人被枪杀、毒死或折磨致死。美国军队在1945年5月夺取这座死亡营。二战结束后，该集中营被改建为纪念馆。在该集中营的遇害者中有5位中国人。

4.德国达豪集中营

1933年，希特勒在德国南部小城达豪市建立。1933—1945年间，共关押了大约20万人，其中至少有34000人死亡。现在的达豪集中营故址仍保持着当年的原貌。

5.波兰马伊达内克集中营

继奥斯维辛集中营之后，当时欧洲第二大纳粹集中营。当年共有23万人死在这个集中营里。目前该旧址已建成博物馆。

▌"绝望中的希望"——《安妮日记》

安妮·弗兰克是一位德国籍的犹太少女，原来居住在德国法兰克福，为躲避纳粹的迫害，安妮随家人避难到荷兰的阿姆斯特丹。1942年6月12日，13岁的安妮收到一个日记本作为生日礼物，从此开始用写日记来打发无聊的日子。那个时候，她不会想到，若干年后，她的这本日记，会感动全世界……

在开始写日记不久，安妮的一家和朋友共8名犹太人就藏到了她父亲公司的密室，从此开始了历时25个月的暗无天日的生活。虽然藏在密室，安妮的日记中记载最多的还是外面发生的事情。她描述了犹太人如何被德国纳粹残酷迫害和屠杀，写到了避难时期生活的困窘，还多次描写阿姆斯特丹被轰炸所造成的恐惧……安妮在日记中不断谴责种族歧视，流露出对未来的美好生活的渴望。

1944年8月，藏匿着的8个人由于被出卖，落到了党卫军的魔掌。最终，安妮和姐姐被转送到贝尔根·贝尔森集中营。不幸的是，1945年3月，姐妹两人都因伤寒死于集中营。而就在2个月后，贝尔根·贝尔森集中营就被英军解放了。

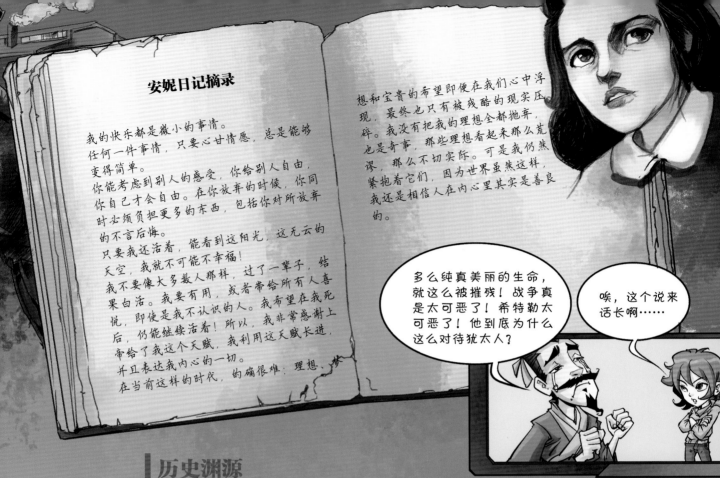

安妮日记摘录

我的快乐都是微小的事情。任何一件事情，只要心甘情愿，总是能够变得简单。

你能考虑到别人的感受，你给别人自由，你自己才会自由。在你放弃的时候，你同时必须负担更多的东西，包括你对所放弃的不言后悔。

只要我还活着，能看到这阳光，这无云的天空，我就不可能不幸福！我不要像大多数人那样，过了一辈子，结果白活了。我要有用，或者带给所有人喜悦，即使是我不认识的人。我希望在我死后，仍能继续活着！所以，我非常感谢上帝给了我这个天赋，我利用这天赋长进，并且表达我内心的一切。

在当前这样的时代，的确很难：理想、梦想和宝贵的希望即便在我们心中浮现，最终也只有被残酷的现实压碎。我没有把我的理想全都抛弃也是奇事，那些理想看起来那么荒谬，那么不切实际。可是我仍然紧抱着它们，因为世界虽然这样，我还是相信人在内心里其实是善良的。

> 多么纯真美丽的生命，就这么被摧残！战争真是太可恶了！希特勒太可恶了！他到底为什么这么对待犹太人？

> 唉，这个说来话长啊……

历史渊源

很久以来，很多欧洲人就对犹太人抱有很深的成见。犹太人的远祖曾聚居生活在阿拉伯巴勒斯坦地区。公元1世纪，罗马帝国攻占巴勒斯坦后，犹太人举行过多次大规模反抗罗马占领者的起义，但都遭到了罗马统治者的血腥镇压。到公元135年，犹太人起义再次惨遭失败。在这1个多世纪的时间里，罗马统治者屠杀了上百万犹太人，最后还把剩下的全部赶出了巴勒斯坦土地。当时有很多犹太人流亡到西欧，由于没有土地可以耕种，只好从事起了在当时被看作下贱的经商行当。

就这样，经历了生死磨难的犹太人顽强地在欧洲大陆上生存下来，他们在商业活动中不断磨练，终于铸就了犹太人的特质：他们不仅聪明和坚强，而且逐渐变得富有起来。

公元13至15世纪，欧洲开始进入资本主义社会，当地新兴资产阶级同那些经商致富的"外来户"犹太人资本家们产生了利益冲突。很多欧洲人认为这些犹太人掳走了他们大量的财富，再加上宗教和其他的一些原因，致使仇恨的种子慢慢生根发芽……

20世纪20年代末30年代初，爆发了世界性经济危机，严重打击了德国。同时，极端种族主义者希特勒把犹太人看作世界的敌人，一切邪恶事物的根源，一切灾祸的根子，人类生活秩序的破坏者。

在金钱和信仰的双重蛊惑下，犹太人的噩梦就这样开始了。

仔细阅读本章，你就能回答出以下问题：

谍王『嘉宝』能一人分别饰演28个角色，这是真的吗？

诺曼底登陆的领导者是哪位将军？

第二次世界大战的胜利方是谁，同盟国还是轴心国？

日军向盟军的投降签字仪式发生在哪一天？

冲刺 向胜利

1945年，以诺曼底登陆为转折点，盟军逐步掌握了战争的主动权，向法西斯国家发起反攻，第二次世界大战以正义的一方最终胜利而告终。在漫长的战争年代，人们的生命、财产遭受了空前的损失，世界局势也由此改变。战争很悲壮，胜利来之不易，让我们珍惜和平的日子吧！

谍王 "嘉宝"

● 易泽

这世界上的确存在着一种光辉，可以穿透浑浊的时代黑暗与人性丑陋，照亮历史的前进之路。

——献给本文的主人公胡安·普吉·加西亚

引子

那是1944年7月29日，哦，没错！直到几十年后的今天，我还能清晰地记得那一天的情景。那天是第二次世界大战诺曼底登陆成功第53天，整个英国的情报机关虽然仍处在异常忙碌的状态，但我不难感觉到，在偶尔经过总部的秘密通道，与那些平日里不苟言笑的情报处同事擦肩而过时，每个人的脸上都洋溢着一抹掩不住的笑意。

虽然没有像盟军的突击队员们那样冒着德军的炮火亲身踏上诺曼底海滩，但是，我们却在另一条看不见的情报战线上全程参与了这场登陆行动，这足以让我们深感兴奋和自豪！

应该是凌晨2点，那是我和老搭档间谍"嘉宝"固定的联络时间。身为英德双面间谍的他，可是这次登陆计划间谍战中的头号功臣。说白了就是，他同时为两国做间谍，只不过真正有价值的情报他只为我们提供，而把假的和无关紧要的情报送给了我们的德国敌人。就在上周，为了褒奖"嘉宝"出色的间谍工作，英国女王伊丽莎白秘密授予了他一枚大英帝国勋章。

我习惯性地轻敲了两下密码电报机，正估摸着"嘉宝"再过几秒就会给我发来新情报。但是那天，电报机的纸带上不知何时已经打出了一行密码符号，我连忙解码、破译。天！那真是一条令人啼笑皆非的情报："希特勒已经亲自批准授予间谍'阿拉贝尔'铁十字勋章，为防不测，"嘉宝"速请无声永别。"要知道，德国人给"嘉宝"起的间谍代号正是"阿拉贝尔"，这么说……

我火速将写有译文的字条拿给比万上校，当他看到那些字的时候，这位从来都处乱不惊的情报处长，眼眶中积蓄的泪水倏然滴落在纸条上。沉默半晌后，他深深地吸了一口气，对我说："米尔斯，回复'嘉宝''同意'。他是世界上最伟大的演员，他彻底愚弄了希特勒，是当之无愧的二战谍王！"

上校的话让我的心里也像打翻了五味瓶。是啊，"无声永别"！这意味着"嘉宝"为了躲避一旦清醒过来的德国法西斯的疯狂报复，会从此人间蒸发！事实也证明确实如此，但是，他的传奇经历没有人比我知道得更多，因为我是他那些年与英国情报机关的单线联络人。

如果你想听，我会接着讲下去……

最初，我没有听懂他的呐喊

　　记得第一次和嘉宝（那时大家叫他胡安）见面是在1941年初，在葡萄牙里斯本的一间嘈杂的小酒馆里，这也是我为了掩人耳目而特意安排的。作为英国军情处的秘密特派员，总部通知我有一名叫胡安·普吉·加西亚的西班牙人愿意为我们提供情报，安排我跟他见面。初次见面，我对他的印象并不好，甚至老实说有点厌恶。他相貌平平，不苟言笑，动作拘谨，而且个子矮小，还有些秃顶。

　　当我问到他为什么要为我们服务时，他的回答并不令人满意。他说他曾被西班牙警方莫名其妙地抓进监狱关了一段时间。那时他们国家非常动荡，监狱里人满为患，一间双人牢房居然被塞进了10个人。他因为瘦小总被那些强壮的犯人欺负，结果就是：两张轮流睡觉的床铺永远没有他的份儿，他只能站着睡。从监狱出来后他失去了工作，连基本的生活都成了问题，所以他痛恨带给他不幸的佛朗哥法西斯政府，想要通过努力来推翻它。

　　我觉得他没有什么专长，仅仅因为一时失意才找我们来糊口，所以当即很委婉地拒绝了他。

　　可是没过多久，我在马德里再次见到了他。他主动找到英国大使馆说想见我，可是见面后，我发现他仍然说着上一次的理由。我可没耐心听他诉苦，便很不客气地起身请他走人。

　　结果，当我已经转身走向楼梯的时候，我听到身后那个矮小而单薄的躯壳里发出了像狮子一般的低吼："下一次，我会让你亲自来请我的！"可我当时并没有改变想法，反而觉得这人不是个疯子，就是个不着调的骗子。

士别三日刮目相看

　　1942年，我回到英国总部任职。四月的一天，我被突然带进比万上校的办公室，受到了一通疾风暴雨式的批评。天哪，那是仅有的一次我看到比万上校发那么大火，而这个令他冲我大发脾气的始作俑者，居然又是一年前被我打发走的那个胡安！

　　当比万上校向我提到他的名字时，我在心里暗骂了一句："这个阴魂不散的无赖！"可是接下来，我看到了一份令我终生难忘的军情报告，大致将与我分手后这一年来胡安的行动轨迹清晰地描画了出来。

　　我猜我当初那番话在他心里一定发生了强烈的化学反应，否则他不会立刻去投奔我们的死对头：德国的盖世太保。他同德国情报机构的联系很快有了回应，经过几次试探性的工作，德国人便接受了他。对于胡安的价值，德国人最初也没太当真，但胡安不断给他们发去情报，说他发展了几个下线，并陆续提供了不少翔实的信息，这引起了德国人的关注。

　　这材料把我看得是额头冒汗、手脚冰凉。就在肠子都快悔青的当口儿，比万上校的一句话让我忽然又来了精神。他说："胡安现在虽然给德国人办事，但是我相信他并不是真心的，他是为了证明自己。或许是你当初拒绝他的一些话刺痛了他？"

不久后，我真的得到了一个补救之前失误的机会——比万上校说："德国人原定是派胡安来英国从事间谍活动，但是据我们了解，他并没有来这里，而是绕了个弯，从西班牙马德里去了葡萄牙里斯本。他的那些所谓有价值的情报，其实都是通过翻阅当地图书馆和报刊的资料，再加上他合理的想象，编造出来的。这样的人才，我们一定要不惜代价挖过来。米尔斯，这次不能再有失误了！"

说到这一段，虽然我当时是非常糗啦：硬着头皮专程前往里斯本，找到胡安，又是说好话又是重金相邀，但是当胡安放下那副伪装出的抗拒，向我坦露实情后，他说出了一个令我无比意外的秘密，我开始打心眼里佩服他了……

一人分饰28角的伟大演员

胡安首先向我展示了这一年来的工作成果：给德国人编纂了真真假假上百条情报，同时"发展"成一个由28名情报员组成的情报网。"你太能干了！居然在这么短时间里发展出一个情报网，能否告诉我这些人员的组成？"我饶有兴致地问。

胡安挠挠头，做出一副滑稽的表情说道："没问题！这些人身份各异，经历丰富，有威尔士的雅利安人至上主义者，有常常醉酒的英国皇家空军军官，有厌恶共产主义的语言学家，还有愤愤不平的转业军人……"

当我快要被他描述的这些五花八门的人物搞得脑筋爆胎时，他哈哈一笑："但是请注意：这些人唯一的共同之处就是——他们都是我虚构出来的，都由我一个人扮演。"

哈哈！我再一次被他这突如其来的解释弄得几乎下巴脱臼。谁能相信，在这样一个矮小的身躯里，是怎样一种意志力和想象力让他能够把旁人眼中恶魔附体般的盖世太保们玩得团团转，还滴水不漏！我当即发誓，一定要将这位国宝级人才接到英国。胡安和我很顺利地来到了英国，比万上校在听到胡安的介绍后，像发现一件宝贝似的搓着掌心，并拍着我们俩的肩膀，确定了我和他日后的工作方向：胡安负责"为德国人传递情报"，继续他异想天开的情报网工作；而我则是他与我方情报机关的直接联络人。

可是，从那以后，为了不暴露身份，胡安（哦不，他现在有了一个新的代号，叫"肉汁"），好吧——"肉汁"和我竟然咫尺天涯，再也没有见过面。只有每天定时收发的密码情报电文将我们紧紧地联系在了一起。

"肉汁"曾通过电报告诉过我一件超级搞笑的事：有一次，他出现了一个小纰漏，居然编造了一个他的情报员不可能提供的情报给德国人发了过去。为了做得天衣无缝，他谎称是一名利物浦的情报员提供的情报，但那人在搜集舰队情报时不幸生病去世了。为了让德国人相信这个消息，他立刻在当地报纸上发了一条讣告。德国人竟真的信以为真了，于是发来大一笔抚恤金，还让他转给这名情报员的遗孀呢。

或许你现在会嘲笑德国人的愚笨，可是如果不是"肉汁"长期出色的工作，嗅觉像猎犬般灵敏的德国盖世太保们是不会麻痹大意到这种地步的。我再一次向"肉汁"肃然起敬！

由于"演技出众"，"肉汁"不久就有了一个新的英方间谍代号——"嘉宝"，你一定想问为啥这代号有点明星范儿？呵呵，可能是因为只有40年代炙手可热的好莱坞演技派明星"葛丽泰·嘉宝"的名字才配得上他吧。

哄得"老希"晕头转向直叫好

"嘉宝"将英国战备的情报经由西班牙源源不断地传给德国人，甚至情报数量和质量都远远高于在西班牙的德国情报机关所能提供给盖世太保的。这样一来，德国人更是放心地让"嘉宝"在英国"单飞"了，几乎没有再找别人渗透到英国的想法。"嘉宝"的工作更是受到德国上级连连的肯定和赞赏，甚至逐渐将对他的信任变成了一种完全的依赖。1943年，德国情报机关决定提升级别，在马德里和英国之间与他们的"阿拉贝尔"建立直接的无线电联系。

1944年1月，德国人告诉"阿拉贝尔"，盟军正在准备一场大规模的欧洲大陆登陆行动，期待他时刻关注相关动态。这一判断

是准确的，但德国人不知道，他们正在被他们信任的"阿拉贝尔"拉进一个代号"卫士计划"——配合盟军诺曼底登陆而展开的庞大情报骗局之中。从那时候开始到后来诺曼底登陆行动的日日夜夜，500多条情报几乎以一天4次的频率，从"嘉宝"那里经过马德里被直接转发到柏林，每一条其实都是我与"嘉宝"核对好发送时间和方式后的精心之作。

"嘉宝"在行动中的主要任务是"说服"德军相信，登陆地点是法国沿岸的另一处滩头阵地加莱而并非诺曼底。他不负众望，发送的假情报甚至让希特勒都死钻牛角尖地确信盟军最有可能登陆的就是加莱。为了延迟德军的反击行动，"嘉宝"又通过情报和各种错误诱导让德国人相信：即使盟军在诺曼底登陆，也不过是虚晃一枪。

6月5日，就在登陆行动前一天，"嘉宝"告知德国人有一个紧急情报将在6月6日凌晨3点发出——

所有迹象都表明盟军登陆部队即将开拔诺曼底。不巧的是，德国情报官忘了接收这个情报，阴差阳错地在登陆行动开始后才收到，这反而给嘉宝增加了额外的信任度。嘉宝还故作愤怒地向德国人发火："我不接受任何道歉或者借口，要不是为了我的理想，我早就拒绝这份工作了！"其实，即使德国方面及时接到那个情报，也来不及班师诺曼底了。

6月9日，诺曼底登陆开始后第四天，嘉宝又发出一份关键情报，报告了他和他的情报员们开会的内容，并要求把情报直接交给德军最高指挥官。这份情报指出，盟军诺曼底登陆的目的是牵制兵力，为的是保证即将到来的加莱登陆。鬼使神差地，希特勒竟认可了这个建议，结果在诺曼底战役的关键时期，德军一直在不远处的加莱海岸为那个永远等不来的防守战役部署重兵。有历史学家作出过推测，如果德国人当时能从加莱分兵支援诺曼底，盟军将伤亡惨重，甚至可能被打败。第二次世界大战可能会因此多持续一年以上的时间！

尾声

讲到这儿，大家请把想象中的画面转回到我最开始提到的那一幕。

这里还有个"八卦"需要补充：希特勒当时不仅授予了嘉宝，哦不，是他忠诚的阿拉贝尔铁十字勋章，还发给他一大笔奖金。他什么都没要，把这些钱交给了我们的情报部门，来支持英国情报机关的运行。而他自己，则从此彻底退出了公众的视线。

希特勒颁奖时曾致辞，称阿拉贝尔是"特别罕见的能够配得上这个荣誉的人。"一贯寡言少语的双面间谍嘉宝是这样回复他的："我的工作确实不配这个称号。"

呵呵，如果他真配得上，那么现在的世界会不会是另外一个模样？

诺曼底登陆

"天降神兵"

"静谧的夜空里，零星点缀着些淡淡的星光，整个画面祥和而安宁。忽然间，轰鸣四起，漫天的伞花绽放于星空，无数的伞兵如神兵般飘然而至……"

这就是纪念诺曼底登陆的电影《最长的一天》中的一组镜头，描述的是诺曼底登陆战役的首头戏——空降战役，它对整个诺曼底战役的功绩有着不可磨灭的功绩。

诺曼底海滩的后面是一片沼泽地，仅有几条公路可行至陆上，需要及时控制这几条通道，如若不然，登陆的盟军便会被困在海中；同时还要抢占关键要地，阻击布置在浅海纵深处的德国装甲部队。否则，登陆部队会被重新赶下海。控制通路和占据关键要地的两项任务必须在同一时间内完成。要实现这两项艰巨的任务就必须依靠可以直达敌后的空降部队！

孔龙：漫天的伞花，难道地球遭入侵了不成？

东芭拉：这是美国陆军"黄金骑士"跳伞表演队曾经在法国进行的特技跳伞表演，以纪念诺曼底登陆。

孔龙：跳伞这种运动不搞也罢。

东芭拉：你生活在和平年代，要知道，在二战中，就是靠跳伞这种运动，盟军才取得了战略主动权，由战略防御转入了战略反攻。

孔龙：哦，盟军在德国占领区搞了一次跳伞特技表演，德军只顾抬头看表演了，盟军的海军陆战队就趁机登陆诺曼底，开始反攻了！

东芭拉：你的想象力太丰富了……

诺曼底 是法国的一个地区，北部是狭长的海滩，靠近英吉利海峡，海峡的北面就是英国。二战中后期，盟军在艾森豪威尔将军的领导下，终于决定在欧洲开辟第二战场，地点最终选在法国的诺曼底。

天降神兵

● 夏柠

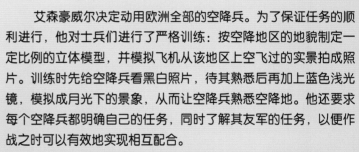

　　艾森豪威尔决定动用欧洲全部的空降兵。为了保证任务的顺利进行，他对士兵们进行了严格训练：按空降地区的地貌制定一定比例的立体模型，并模拟飞机从该地区上空飞过的实景拍成照片。训练时先给空降兵看黑白照片，待其熟悉后再加上蓝色浅光镜，模拟成月光下的景象，从而让空降兵熟悉空降地。他还要求每个空降兵都明确自己的任务，同时了解其友军的任务，以便作战之时可以有效地实现相互配合。

　　1944年6月5日晚8点，盟军首先出动了2775架轰炸机，在诺曼底海岸96公里登陆地面投弹，进行了长达2小时的直接航空火力准备，暂时压制了德军的防御阵地。6月5日晚10点，盟军再次起飞了两批飞机。第一批24架，在预定地点空投2000具假伞兵和一支8人的特别小分队。假伞兵在落地后自动点燃鞭炮模拟射击枪声，特别小分队落地后则设置音响模拟器，播放事先录制好的枪声、炮声、军官下令声、士兵讲话声、汽车行驶声等各种声音，虚造空降声势，对敌传递假情报，以干扰德国指挥部的判断。第二批26架飞机，每架载13人的空降引导组，在预定地点设置引导信号，标出空降场的确切位置，为接下来的大规模空降做好准备，好戏正要上演。

　　6月5日晚11点，3个空降师的突击梯队共24个伞兵营、17210人，分乘1038架运输机起飞至预设地点空降。至6月6日黄昏，盟军共空降35000余人，其中伞降17600人，空降504门火炮，110辆轻型坦克，1000余吨补给，使用运输机2400余架次，滑翔机1130架次。

孔　龙：可惜啊，可惜。

东芭拉：什么可惜，孔龙先生？

孔　龙：大规模的空降都在晚上进行，啥都看不清楚。要是在白天进行，那多壮观啊——想想成千上万朵伞花同时绽放在空中的情景……

东芭拉：好看是好看，可你不觉得那样盟军的伞兵和物资会正好变成德军练枪法的活靶子吗？

孔　龙：哦对，战争年代，忘了忘了。

希特勒之前已经获取了盟军将在最近发动登陆战役、开辟欧洲第二战场的消息。只不过在情报战中他技逊一筹，错误地判断了登陆的地点，并没有把主要防御力量放在诺曼底。即使这样，他在诺曼底也部署了138万精锐之师。换句话说，盟军的35000名伞兵会降落在敌军人数比他们多十倍甚至二十倍的敌后区域。"孤注一掷"这个词，大概说的就是这种情况吧。

从6月5日晚开始，诺曼底的"炮火进行曲"就没有停息……

东芭拉：推荐大家看两部影视剧：《兄弟连》和《拯救大兵雷恩》。

孔　龙：前者讲的是诺曼底登陆的空降部队的遭遇，后者讲的是正面登陆部队的遭遇。

最终，盟军伞兵部队达成了自己的预期目标，控制了诺曼底后方的战略要地。但是，代价是惨重的：在战斗中空降兵伤亡约8200人，占空降总人数的23%；运输机被击落42架，击伤510架。

诺曼底登陆标志着欧洲第二战场的开辟。第二战场的开辟使德军腹背受敌，面临两线作战的不利局面，不但缓解了苏联的压力，而且对德国形成战略夹攻，加速了德国法西斯的灭亡。

第二次世界大战，盟军已经看到了胜利的曙光。

登陆轶事

最无奈的玩笑

由于伞降区域太广，加上天黑风大，德军的防空炮火又过于猛烈，所以伞兵的着陆地点难免产生偏差：有两位美军士兵竟然空降在了一个德国师营地的门口，更背的是，迎面碰上的大叔肩膀上竟然顶着师长的军衔。见此情景，两位士兵知道肯定逃不掉了，干脆跟这位敌军师长开起玩笑来："老头，我们出现在这里纯属意外！"

这就是不好好研究地图的下场！

最逼真的布景

登陆点选好之后，盟军使用了各种计策迷惑德军，最终让德军确信盟军将在加莱海滩登陆。其中一条瞒天过海之计是这么实施的：英国电影制片厂的布景道具师们在英国东南沿海一带布置了各种"登陆艇""弹药库""医院""兵营""飞机"和"大炮"；盟军谍报人员开始在各中立国到处收集法国加莱海岸的详细地图；英国建筑师在沿海显眼的地方制造起"油船码头"，还配备了发电厂和贮油罐等等。另外，一支从规模上判断足有"百万"人的集团军调往被东南沿海，准备进攻加莱……"看来，盟军要在加莱海岸登陆是确定无疑的了！"奉希特勒之命赶来指挥防御的隆美尔元帅自信地断定。

最奇怪的部队

美军第82空降师的师长李奇微回忆当时空降落地后的情景，说他当时既没有遇到什么部下，万幸的是，也没遇到什么敌人。好在后来还是以较快的速度集合起了部分人员，但是让人好笑的是集合起的人员中，军官的人数大大超过了士兵的人数。为此他还曾不无自嘲地说道："从来没有见过这么多军官带领这么少的士兵作战。"

最有功的玩具

有人曾戏称，诺曼底登陆空降战役的头等功臣当属美国101空降师在空降诺曼底时进行夜间联络用的玩具蟋蟀。挤压它的时候，它能发出清脆的、类似蟋蟀的叫声。这种声音既不会暴露目标，又可以借由事先定好的规则进行联络，实在是夜间敌后偷袭之必备佳品。

今晚蛐蛐开大会？怎么这么吵？

你懂啥，这是爱的奏鸣曲！

最后的反扑

阿登战役

●宋黛

一、敏锐的嗅觉

诺曼底登陆以后，盟军很快收复了法国，不仅如此，1944年深秋，美英联军横扫大半个欧洲，攻入了德国中部边境。眼看德国在东线跟苏联陷入僵局，在西线的家门口又受到威胁，战争的败局已定。

1944年12月，欧洲的盟军士兵们在风雪中企盼着圣诞节的到来，盼望着假期、礼物以及好天气，冰冷潮湿的衣服粘在身上可真是要命。盟军的第3集团军司令乔治·史密斯·巴顿一边诅咒着鬼天气，一边让牧师写祷文——他需要好天气，在这种天气里空军无法出动，巴顿的装甲部队在缺乏空中掩护的情况下推进缓慢。而与巴顿的焦急相反，德国B集团军群司令官莫德尔元帅正为这恶劣的气候叫好，他将利用这一机会实施元首一直在期待的大规模反击。他的目标是——阿登。

阿登山区位于盟军霍奇斯中将的第1集团军和巴顿的第3集团军的结合部，正面宽约80英里，地形崎岖复杂，由米德尔顿的第8军负责防守。盟军的首脑们并没有意识到在这里潜伏着巨大的危机，反将其辟为在零星战斗中受挫的各师人员的休整地，所以防守的第8军编制并不完整。

阵地的对面，德国人趁盟军防卫松懈，悄悄地集中了14个师的庞大兵力（其中7个为装甲师）。阿登南面的巴顿觉察了近期德军异常的举动，12月12日，他命令第3集团军停止东进德国，拐了一个90度的弯，向北直插卢森堡。12月13日，巴顿向欧洲美军总司令布莱德利发出了警告，并提醒他：第8军处境十分危险，必须尽快采取行动。但布莱德利并没有采纳巴顿的意见。

12月15日夜，德军的无线电台开始沉默，巴顿敏锐地感到战斗即将来临。他命令部队立即进入战斗状态，随时准备迎击德军。

二、疯狂的计划

巴顿并没有草木皆兵，他估计得一点儿不错——希特勒确实制订了一个突袭阿登继而全线反攻的疯狂作战计划！

希特勒这个名为"莱茵河卫兵"的作战计划是这样的：

第一步：集中优势兵力，迅速向西突破盟军防线；

第二步：强渡马斯河，夺取盟军的主要补给港口安特卫普，把盟军一分为二；

第三步：将北路的英军追击到海岸线进行歼灭，制造第二个敦刻尔克；

第四步：巩固防御阵地，与英美签订停战协定，然后再集中兵力对付苏联。

希特勒已经没咒念了，能撑到现在已经不错了，根本没有发动进攻的能力。

"莱茵河卫兵"计划是我们赢得战争胜利的最后希望！要不惜一切代价执行！

三、惨烈的战斗

　　12月17日拂晓5时30分，2000门德军的大炮打碎了第8军的好梦，德国3个满员的集团军（党卫军第6装甲集团军、第5装甲集团军和第7集团军总计兵力20万人）在隆德施泰特元帅的指挥下，潮水般向美8军扑来。第8军由第101空降师及其特遣队、第28步兵师（缺2个团）、第9装甲师和一些炮兵部队组成，完全不是德军的对手。美军第106师的两个团7000多人被德军包围后投降，成为美军在欧洲战场上遭到的最严重失败。很快，德军向美军的纵深推进了30～50英里。

　　12月18日，措手不及的盟军总司令艾森豪威尔召开紧急会议，决定从南向北反击德军，解救被围困的部队。巴顿当即表示："我的参谋人员正在拟订作战计划。我可以在12月22日投入3个师——第26、第80步兵师和第4装甲师。几天后可以投入6个师。但我决定用手头的兵力发起进攻，我不能等待，否则会失去出其不意的效果。"

　　在巴顿的指挥下，在短短的几天内，第3集团军面对着德军的阻截和恶劣的天气，把一支十几万人的军队从萨尔地区快速调往阿登山区，实现了战线由南向北的全面转移。12月22日晨6时，第3集团军所属的第3军准时发起了进攻。

　　巴斯托尼是一个人口不足4000的小镇，坐落于比利时东部的一个狭小平原上，四周为稀疏的林地和丘陵。由于阿登南部公路网中有7条通过此地，所以其战略地位尤显重要。德军的第26民兵师对其发起了猛攻。盟军赶来增援的101空降师顽强抵抗，勉强牵制住了德军的进攻势头。

　　22日，气急败坏的德军交给坚守巴斯托尼的101空降师一封劝降信。在信中，希特勒疯狂叫嚣道：要么投降，要么被歼灭！第101空降师代理师长麦考利夫准将在给希特勒的回信中只回答了一个字，把希特勒气疯了："Nuts（扯淡）！"此事后来在二战史上被传为美谈，这封最短的回信在战后还被载入了吉尼斯世界纪录。

四、战斗的逆转

德军统帅部发现巴斯托尼不但成了整个德军战线的"钉子"，而且直接威胁着德军的后勤供应，牵制着德军的有生力量。这一切使德军下决心拿下巴斯托尼，他们派出拜尔林和冯·卢特维茨将军率领两个军的兵力前来增援进攻。

12月23日，天气终于放晴了。盟军的7个战斗轰炸机群、11个中型轰炸机群、第8航空队的一个师以及皇家空军的运输机飞抵巴斯托尼上空。机群猛烈地轰炸了德军的目标，运输机投下各种补给物资。轰炸给德军造成了巨大的损失和心理压力，迫使德军放弃了24日进攻巴斯托尼的计划。

而巴顿指挥的第4装甲师在空军的掩护下，也于24日强行突破马特朗格浮桥，向阿尔隆发起突击。第5师将德军赶过了绍尔河，为进攻巴斯托尼做好了准备。12月26日16时30分，第4装甲师如钢铁洪流涌入101空降师的阵地。身体疲惫却精神饱满的101空降师师长麦考利夫准将连连称赞巴顿麾下"铁轮地狱"的速度和力量。在第9装甲师和第80步兵师的增援下，第4装甲师打通了阿尔隆通向巴斯托尼的公路。29日，美军彻底击溃了围攻巴斯托尼的德军，准备集中兵力攻向德军的前进基地·赫法利策。

1945年就要到来了，巴顿给德军精心准备了一份"礼物"。他命令：第3集团军所属的所有炮兵在12月31日午夜12点整，用最猛烈的火力集中向德军阵地齐射20分钟。在炮火的轰鸣和德军的哀号中，巴顿以其特有的方式迎接新的一年。

1945年1月，巴顿已经完全控制了战场的主动权，德军的进攻已完全被遏制。29日，巴顿召开记者招待会，宣布阿登战役以美军的胜利而结束。对于第3集团军在这场战役中的表现，巴顿在1945年1月29的日记中这样写道："这次战役期间，第3集团军比美国历史上，或许是世界历史上的任何集团军都前进得更远，速度更快，并在较短的时间内投入了更多的兵力。只有如此出类拔萃的美国军官、士兵和装备才可能取得这样的战绩。没有一个国家能与这样的军队相抗衡。"

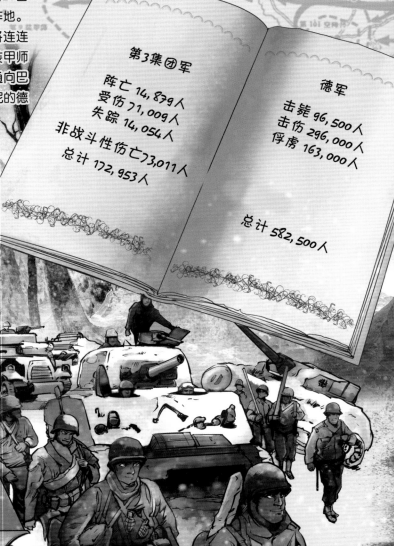

第3集团军

阵亡 14,879人
受伤 71,009人
失踪 14,054人

非战斗性伤亡 73,011人
总计 172,953人

德军

击毙 96,500人
击伤 296,000人
俘虏 163,000人

总计 582,500人

五、最后的胜利

德军的最后顽抗就这样被扑灭了。阿登战役发生的同时，苏军为了牵制德军，也提前发起了反击。德军很快溃败。1945年5月1日，美英与苏联在易北河会师。2日，盟军攻克柏林。5月8日，德国正式投降。在太平洋战场，日军也节节败退，然而日军负隅顽抗，拒不投降。8月6日和8月9日，美国分别在广岛和长崎投下两颗原子弹，给日本造成了巨大的灾难。日本政府于8月10日提出投降。第二次世界大战以同盟国的胜利落下了帷幕。

盟军虽然胜利，却也付出了沉重的代价。二战的死亡总人数超过1500万，受伤的不计其数。平民死亡人数估计在2600万到3400万之间（包括被希特勒屠杀的600万犹太人）。德国和日本的许多领导人、将领被审判并且定罪。然而，二战给人类带来的恐慌却远远未能阻止将来更多的战争。

1945年9月2日，在"密苏里"号巡洋舰上举行了日本向盟军的投降签字仪式。

图书在版编目（CIP）数据

二战风云 / 少儿期刊中心科普编辑部编.
-- 青岛 :青岛出版社, 2016.1
ISBN 978-7-5552-3424-1

Ⅰ.①二… Ⅱ.①少… Ⅲ.①第二次世界大战 – 少儿读物
Ⅳ.①K152-49

中国版本图书馆CIP数据核字(2016)第018199号

书　　　名　二战风云
编　　　者　少儿期刊中心科普编辑部
出 版 发 行　青岛出版社
社　　　址　青岛市海尔路182号（266061）
本 社 网 址　http://www.qdpub.com
邮 购 电 话　0532－68068738
策　　　划　连建军　黄东明
责 任 编 辑　宋华丽
装 帧 设 计　徐梦函
印　　　刷　青岛国彩印刷有限公司
出 版 日 期　2018年4月第1版 2019年5月第2次印刷
开　　　本　16开（850mm×1092mm）
印　　　张　4.5
字　　　数　60千
书　　　号　ISBN 978-7-5552-3424-1
定　　　价　25.80元

编校质量、盗版监督服务电话　400－653－2017　（0532)68068638